刘 建 主编

稻麦优质高效生产百问百答

中国农业科学技术出版社

图书在版编目（CIP）数据

稻麦优质高效生产百问百答／刘建主编 . —北京：中国农业科学技术出版社，2016.4

ISBN 978 – 7 – 5116 – 2533 – 5

Ⅰ.①稻…　Ⅱ.①刘…　Ⅲ.①水稻栽培 – 高产栽培 – 栽培技术 – 问题解答②小麦 – 高产栽培 – 栽培技术 – 问题解答　Ⅳ.①S511 – 44 ②S512.1 – 44

中国版本图书馆 CIP 数据核字（2016）第 044704 号

责任编辑	贺可香
责任校对	李向荣

出 版 者	中国农业科学技术出版社
	北京市中关村南大街 12 号　邮编：100081
电　　话	（010）82106638（编辑室）　（010）82109704（发行部）
	（010）82109709（读者服务部）
传　　真	（010）82106650
网　　址	http://www.castp.cn
经 销 者	各地新华书店
印 刷 者	北京富泰印刷有限责任公司
开　　本	850mm×1 168mm　1/32
印　　张	5
字　　数	140 千字
版　　次	2016 年 4 月第 1 版　2016 年 4 月第 1 次印刷
定　　价	18.00 元

　　刘　建　男，1965 年生，江苏如皋人。1984 年毕业于江苏省南通农业学校，后获南京农业大学硕士学位，江苏沿江地区农业科学研究所（南通市农业科学研究院）研究员。长期从事耕作栽培、生态农业等领域的研究及农业技术推广与科技服务工作，主持承担了 60 多项科技项目，发表论文 90 多篇，主编（编著）出版著作 13 部，获省部级多项科技成果奖。现为江苏省特粮特经高效生产模式创新团队首席专家、江苏耐盐植物产业技术创新战略联盟副理事长、江苏省农学会理事、江苏省作物学会理事。获"江苏省有突出贡献的中青年专家""江苏省优秀科技工作者""江苏省兴农富民工程优秀科技专家"等称号。

魏亚凤 女，1970 年生，江苏如东人。1991 年毕业于江苏农学院（扬州大学）。江苏沿江地区农业科学研究所耕作栽培研究室副主任、副研究员，现主要从事耕作栽培研究及农业科技推广与技术服务工作。获"江苏省'333 高层次人才培养工程'第三层次培养对象""南通市青年科技奖""南通市'226 高层次人才培养工程'中青年科学技术带头人"等称号。

杨美英 女，1966 年生，江苏张家港人。1987 年毕业于江苏省南通农业学校，后获本科学历。江苏沿江地区农业科学研究所副研究员，主要从事耕作栽培研究及农业科技推广与技术服务工作。获"南通市优秀科技工作者"称号。

前　言

　　水稻小麦两熟制是我国长江流域粮食产区的主体耕作制度，对于保障粮食安全具有重大意义。推进水稻小麦两熟制农田的集约化生产和生态化建设，确保稻麦高产、优质、安全、高效四大目标的有机协调，是现代稻麦产业发展的重要任务，也是面向稻麦产区广大农村和稻麦种植户开展技术推广、科技普及和咨询服务的重点。

　　地处长江下游的江苏省，水稻小麦两熟制生产的季节紧，稻麦作物产量和产出效益的要求高，稻麦秸秆生态化处置的任务重。本书针对该区域的温光水等资源特点，紧扣稻麦优质高效的生产实际，近几年来我们在从事稻麦科技推广、技术培训和咨询服务工作时，从农民关注度比较集中的问题中，疏理和鳞选出一百道问题，以一问一答的形式加以简述。全书按照水稻、小麦两个作物分别编写，涉及基础知识、栽培特性和生产管理三个部分。在具体问题的设计上，突出区域性和时效性。在问题内容的简述上，讲明原理，说明道理，突出知识要点的讲授和技术内容的通俗易懂。

　　虽然我们在编写过程中付出了很多心血，但由于水平和各种条件的限制，书中的不当之处敬请读者指正。同时，本书在编写过程中，参考了一些文献资料，在此对所有的原作者表示诚挚的谢意。

刘　建

2016 年 1 月

目　　录

一、水稻基础知识

1. 什么是稻米品质？稻米品质是如何评价的？

稻米作为商品，需要流通和消费，这就形成了市场对稻米物理与化学特性方面的要求，稻米品质是稻米在流通、消费过程中所必须具备的特性，它有着较强的市场内涵，稻米品质是个综合性状，不同的时代、不同的区域以及不同的用途有不同的评价标准。优质稻谷是生产优质稻米的基础，稻米品质的优劣是品种的遗传特性与环境条件影响的综合作用结果，它不仅取决于稻米本身的内在理特性，而且与稻米的加工、处理、贮藏等环节有着一定的联系。对稻米品质的评价主要是根据稻米的加工、销售、应用等方面的要求进行，分为碾米品质、外观品质、蒸煮食味品质、营养品质以及卫生安全品质等方面。

（1）碾米品质：碾米品质是稻谷在加工过程中所表现的特性。衡量碾米品质的指标有糙米率、精米率、整精米率。优质米要求"三率"要高，其中整精米率是碾米品质中最为重要的指标。整精米率越高，说明稻米加工的出米率高，碾米品质好。

（2）外观品质：外观品质是指糙米籽粒或精米籽粒的外表物理特性，它作为稻米交易评级的主要依据，也称其为商品品质。主要包括米粒长、长宽比、垩白米率、垩白度和透明度等指标，对于糯米来说，还包括白度和阴糯等。优质粳米的外观品质是：米粒透明有光泽，无或少有垩白。

（3）蒸煮和食味品质：蒸煮和食味品质是指稻米在蒸煮过程及食用时所表现的特征特性，它是稻米品质的核心，即适口性和是否好吃，包括吸水性、延伸性、膨胀度、米饭光泽、黏弹性、软硬度、热饭或冷饭的柔软性、香、色、味等。最为直接是对稻米进行食味品尝鉴定，但主观偏差较大。稻米的蒸煮食味品质主要与其理化特性有关，通常通过测定稻米淀粉的主要理化特性，即直链淀粉含量、糊化温度和胶稠度等指标，来间接评价稻米的蒸煮食味品质。蒸煮食味品质与蛋白质含量有较大的相关性。一般直链淀粉含量适当偏低（籼稻17%～22%，粳稻15%～18%）、蛋白质含量低（7%～8%）、胶稠度软（60mm以上）和粗脂肪含量高（0.3%～0.5%）的稻米，其蒸煮食味品质较好。

（4）营养品质：营养品质是指稻米中的营养成分，包括淀粉、脂肪、蛋白质、氨基酸、维生素类及矿物元素的含量，此外还包括其他具有药用价值成分的含量。稻米蛋白质的品质是谷类作物中最好的，氨基酸的配比合理，易为人所消化吸收，但其含量高低常与食味相关，蛋白质含量过高的，往往食味欠佳，含量较低的，反而食味较好。

（5）卫生安全品质：是指稻米在生产过程中由于受到环境和农药污染，农药、重金属等有毒有害物质在稻米中的含量。优质稻米必须符合国家制定的粮食卫生标准中稻米的卫生安全指标。

1986 年农业部颁布了我国第一个优质米标准 NY20—1986
《优质食用稻米》，根据稻米商品性，从碾米品质（指标有糙
米率、精米率和整精米率）、外观品质（指标有粒型、垩白度
和透明度）、蒸煮食味品质（指标有糊化温度、胶稠度和直链
淀粉）、营养品质（指标有蛋白质）和食味鉴定（指标有气
味、色泽、适口性和冷饭柔软性）等五个方面，按籼、粳、
籼糯和粳糯 4 类稻对稻米品质进行系统评价。要求优质食用稻
米应该具有：糊化温度低（碱消值大）；胶稠度长；粳稻和籼
稻的直链淀粉含量适中，而糯稻的直链淀粉含量低；蛋白质含
量高，食味好。2002 年在 NY20—1986《优质食用稻米》的基
础上，制定了籼稻、粳稻品质等级（NY/T—593-2002）和糯
稻品质等级（NY/T—593-2002）。

1999 年国家颁布了优质稻谷标准 GB/T17891—1999《优
质稻谷》，在《稻谷》质量标准的基础上增加了理化指标，质
量指标包括出糙率、整精米率、垩白粒率、垩白度、直链淀粉
含量、食味品质、胶稠度、粒型、不完善粒、异品种粒、黄粒
米、杂质、水分、色泽气味等。标准将稻谷分成 3 个等级，符
合该标准要求的稻谷，是优质食用稻谷。

2. 如何理解优质水稻？优质水稻
生产有哪些基本要素？

水稻是人们的主食作物，随着现代工农业的发展，环境污
染逐渐加重，土壤、空气、灌溉水、农药、化肥、微生物及其

毒素、昆虫、射线及包装材料等均会造成稻米的污染，食用污染的稻米后，将不同程度地影响人体健康，因而我们所说的优质水稻不仅要求稻米的食味好、品质佳，更应强调稻米产品的卫生以及食用后的安全，也就是说，优质水稻则应是以卫生安全为前提、且是品质优良的水稻，也即无公害优质水稻。严格意义上讲，它包含卫生安全与高品质两个层面上的概念。其中，水稻的卫生安全层面上的要求，即要达到无公害。也就是说，水稻必须在符合无公害质量标准的生态环境条件下，按规定的生产操作规程生产、加工，产品质量符合特定标准，有毒、有害物质在安全允许范围内。无公害稻米需具备以下几个方面的条件：①水稻的产地，包括空气环境、土壤环境、农田灌溉水质等在内的环境条件必须符合无公害标准；②水稻的生产，必须符合无公害水稻生产技术规程；③稻米的加工，要求符合收获、加工、包装、贮藏与运输等技术环节质量控制方法，并实施严格管理；④产出的稻米，其产品必须符合无公害农产品质量、卫生标准，并由有关主管部门指定的稻米质量检测中心检验合格；⑤产出的稻米，须经有关主管部门检测认定后方可承认，并公布于众；⑥无公害稻米，必须使用特定的标志。从广义上来讲，无公害稻米包含无公害稻米、绿色食品稻米和有机稻米等。

优质水稻的生产，必须具有以下的基本要素。

一是良好的产地环境。水稻赖以生长发育的环境条件很多，影响其产品安全的环境条件主要是空气、土壤和水分。产地必须符合农业部行业标准 NY5116—2002《无公害食品 水稻产地环境条件》中规定的环境空气质量、灌溉水质量和土壤环境质量等具体要求。必须选择在水源有保证，无污染和生态条件良好的地区，应远离工矿区和公路、铁路干线之处，避开工业和城市污染源，并具有可持续的生产能力。优质稻米的生产应尽量选择肥力水平较高、土壤结构良好的土壤，要求田块方整成片、排灌自如。

二是适宜的生长季节。必须根据区域的温光资源特点，结合具体的种植制度，将水稻产量与品质形成的重要期安排在相对理想的生长季节。在水稻生育中后期，不仅要有充足光照，还要有较大昼夜温差（一般 10～15℃）；将水稻孕穗抽穗期安排在最佳的光照、温度、湿度时段，既避开高温，又防范低温，实现产量与品质的协同提高。

三是优良的种植品种。水稻品种间的产量与品质相差很大。水稻生产的品种选择，要求与当地温光条件、生产水平和种植制度相适应，具有较好丰产性并通过审定定名。稻米品质达到国标优质稻谷三级以上，对关键性病虫害有着较好的抗（耐）性，以最大限度地减少农药用量。

四是配套的生产管理。优质稻米生产，要与改革农作制和调整作物、品种及品质结构相配套，要选好与优质水稻生产相适宜的前作和后茬，确立以优质水稻为主体的稻田复种轮作制度。必须因地、因种建立和运用优质栽培关键技术。优质水稻生产，要针对水稻生产中存的弱苗、弱蘖、弱穗、弱花、弱粒等生育薄弱环节和化肥、农药等化学投入品施用过多与各种重金属污染等严重问题，通过采用行之有效的关键栽培途径和措施，以充分发挥水稻的品质优势和增产潜力。

3. 我国水稻分为哪几种类型？
如何区分粳稻和籼稻？

我国种植的水稻品种都属于亚洲栽培稻。根据它的起源、演化和发展过程，形成我国栽培稻种的五级系统分类法。第一级，可分为两个亚种，即籼亚种和粳亚种，也就是我们常说的籼稻和粳稻。粳稻又包括三个生态群，即普通粳稻、光壳稻和爪哇型。我国现在种植的粳稻基本上属于普通粳稻。第二级，按生长季节的不同，分为早稻、中稻和晚稻。第三级，根据品种对土壤水分的适应性不同、栽培方式不同，可分为水稻和陆稻。第四级，根据淀粉性状的差异分为粘稻（非糯稻）和糯稻。在以上各种类型的品种中，又具有各种不同熟期、性状，在分类上列入第五级，如根据生育期长短分为早熟品种、中熟品种和晚熟品种，根据植株高矮分为高秆和矮秆品种等。

籼稻和粳稻是亚洲栽培稻的两个亚种，两者在形态特征、生理功能以及栽培特点等方面均有较大的区别。①形态特征和经济性状方面。籼稻的分蘖力通常较强，第一穗节较短，叶色较淡，叶片上茸毛较多，谷粒细长，稃毛短、硬、直，抽穗时壳色绿白，容易脱粒。粳稻一般分蘖力不如籼稻，第一穗节较长，叶色较深，叶片上无茸毛，谷粒短圆，稃毛长、乱、软，抽穗时壳色较绿，不容易脱粒。②直链淀粉含量方面。籼米的直链淀粉含量一般较高，煮饭胀性大，黏性小。粳米的直链淀粉含量较低，米饭黏性大，胀性小。③生理特征和适应性方面。籼稻一般吸肥性强，耐寒性较差，日平均温度在12℃以

6

上时才能发芽，籼稻的适应性较好。粳稻耐肥性强而吸肥性差，耐寒性较强，日平均温度在10℃即可发芽，适应性较差。在温度适宜的情况下，籼稻叶片的光合速率高于粳稻，繁茂性好，易早生快发。

4. 常规稻和杂交稻有什么区别？我国种植的杂交稻有哪几种类型？

常规稻是通过若干代自交达到基因纯合的品种，个体遗传型相同，从外观上看，群体整齐一致，上下代的长相也一样，产量也不会下降，因而可以留种繁殖，不需年年换种。杂交稻是两个遗传性不同的水稻品种或类型进行杂交所产生的具有杂种优势的子一代组合，杂交稻是利用杂交一代（F_1）来进行水稻生产的，由于杂交一代的遗传基础是杂合体，其细胞质来源于母本，细胞核的遗传物质一半来自母本，一半来自父本，杂种个体间遗传型相同，因而其群体性状整齐一致，可以作为生产用种。而杂交稻从第二代（F_2）开始就会产生很大的基因分离，表现出植株的株高、叶片数量和长短、抽穗期、分蘖力、穗型、粒型和米质等性状分离，导致优势减退，产量、品质和抗性下降，因而不能继续作种子使用。所以，杂交稻需要每年进行生产性制种。

根据杂交稻的亲本遗传性和种子生产途径，我国生产应用的杂交稻主要有三系杂交稻、两系杂交稻。三系杂交稻是利用不育系、保持系和恢复系三系配套，通过两次杂交程序生产杂交稻种。不育系的不育性受细胞质和细胞核的共同控制，需与保持系杂交，才能获得不育系种子。不育系与恢复系杂交，获得杂交稻种子，供生产应用。两系杂交稻是利用光温敏核不育系和父本一次杂交生产杂交稻种子，其不育系的育性受细胞核内隐性不育基因与种植环境的光长和温度共同调控，并随着光、温条件变化产生不育到可育的育性转换。

根据杂交稻的籼粳类型和亲缘关系，又可分为三系杂交籼稻、三系杂交粳稻、三系籼粳亚种间杂交稻，以及两系杂交籼稻、两系杂交粳稻、两系亚种间杂交稻等不同类型。

根据杂交稻的生育期长短和感温性、感光性强弱，可分为杂交早稻、杂交中稻和杂交晚稻。

5. 水稻品种的生育期是怎样划分的？

划分水稻品种的生育期标准通常有以下在 3 种。

（1）根据水稻完成生长发育全过程所需的总天数来划分。由于水稻从播种到出苗，以及从成熟至收获都有可能持续较长的时间，这段时间不能计算在生育期之内，因而严格地说，生育期应该是从出苗到成熟所需的总天数。根据生育期的长短，可将水稻品种划分为不同的熟期类型，按照各地品种在南京 4 月下旬播种所需的生育天数（全国统一的熟期分类标准），可将全国各地的水稻品种划分为早稻、中稻和晚稻三种类型。其中：早稻生育天数为 120 天左右（南京，下同），中稻为 125～150 天，晚稻为 150 天以上。由于水稻品种生育期的长短常因地区、季节等不同而有较大变化，同一品种在不同地区其熟期不同，即便在同一地区也会因气候变化、播期不同而常常出现较大差异，因而这种标准进行划分也不够全面。

（2）根据稻株主茎总叶片数来划分。一个品种的主茎叶片数是相对稳定的（但也因播期早迟而有一定影响），一般将主茎10～13片叶的划分为早熟品种，14～15片叶的划分为中熟品种，16片叶以上的划分为晚熟品种。

（3）根据水稻生长发育全过程所需的积温数和感光性、感温性的差异来划分。积温也是划分生育期的一个重要依据。一般早熟品种要求活动积温少，晚熟品种要求活动积温多。水稻感温性和感光性的差异也是划分早、中、晚类型的依据之一，一般感温性较强的品种，多属早、中类型，感光性强的品种，穗期多受日照时间缩短而加快，宜作晚稻，而不能作早、中稻。

水稻品种生育期划分是很复杂的，因区域不同其标准也不尽相同，各地可根据水稻生产的实际情况运用相应的标准进行科学地划分。

6. 什么是超级稻品种？超级稻品种是如何确认的？

超级稻品种（含组合）是指采用理想株型塑造与杂种优势利用相结合的技术路线等途径，育成的产量潜力大、配套超高产栽培技术后比现有水稻品种在产量上有大幅度提高、并兼顾品质与抗性的水稻新品种。超级稻品种在产量、品质和抗性等方面都有具体的指标要求，主要指标包括区域、生育期、百亩方产量、品质、抗性和生产应用面积。例如：在长江流域一季稻地区，要求生育期≤158 天，百亩方（15 亩 ≈ 1hm^2。全书同）产量≥780kg，品质达到部颁 4 级米以上（含）标准，抗当地 1～2 种主要病虫害，品种审定后 2 年内生产应用面积达到年 5 万亩以上。达到各项指标的品种需经过农业部加以确认，才能认定为"超级稻"品种。

超级稻品种审核与确认需要经过规范的程序。第一，由省级人民政府农业行政主管部门对申请确认为"超级稻"品种的相关材料进行审核，主要包括：①品种基本情况，包括规范准确的品种名称、父母本来源、育成单位、育成人、适宜种植区域、主要栽培技术要点等。②通过省级（含）以上品种审定情况，提供相关审定证明材料、区域试验和生产试验结果（含抗性和品质鉴定材料等）；申报品种须在审定后经过 2 年（含）以上的生产应用。③百亩方实测验收材料（含田块基本情况、生产管理措施、测产验收过程、验收专家组成员名单、测产结果及专家签字）等相关证明材料。④省级（含）以上农作物种子管理部门出具的示范应用证明材料。第二，省级人民政府农业行政主管部门将审核通过的申请确认"超级稻"的品种有关材料，以正式文件形式统一报送农业部科技教育司。第三，农业部科技教育司和种植业管理司联合组织专家，对省级人民政府农业行政主管部门报送的有关材料进行书面评审，达到超级稻主要指标要求并经专家评审通过的品种确认为新增超级稻品种。

农业部超级稻品种确认于每年年初进行一次。超级稻品种名称中不得有"超级"等类似字样。

对确认为农业部超级稻的品种实行冠名退出制度，以农业部文件公告。出现下列情况的，不再冠名"超级稻"：①品种已退出省级（含）以上农作物品种管理部门的审定登记；②品种在生产上暴露出重大缺陷，或因品种问题给农业生产造成重大经济损失；③品种确认为超级稻后3年内年生产应用面积最高不到30万亩。

7. 什么是有机稻米？有机稻米、绿色食品稻米和无公害稻米有何联系与区别？

有机稻米是有机食品的一种，它的开发是严格与国外有机稻米生产标准接轨的，是真正纯天然无污染、高品位、高质量的健康食品。必须是在土壤经3年转换期后，完全不使用化学农药、化肥等人工合成化学物质，以生物学和生态学为理论基础，按照特定的生产模式生产出来的一种优质稻米。有机稻米生产过程中，主要施用没有污染的绿肥和作物残体、泥炭、秸秆和其他类似物质，以及经过堆积处理的植物和主副产品等。病虫草害防治主要采用作物轮作、自然天敌平衡、生物防治、促进生物多样性等各种物理、生物和生态措施。有机稻米的原料来自天然有机农业生产体系，稻米产品必须严格遵守有机食品的加工、运输要求，生产者在有机食品的生产、流通过程中有完善的追踪体系和完整的销售档案，必须通过独立的有机食品认证机构的认证。

有机稻米、绿色食品稻米和无公害稻米都是根据我国现有生态条件和农业生产技术水平以及对稻米生产的总体要求，以环保、安全、健康为目标生产的稻米产品。绿色食品稻米是指遵循可持续发展原则，按照特定农业生产，经专门机构认定，许可使用绿色食品标志商标的无污染的安全、优质、营养类稻米及其产品。绿色食品稻米根据其安全性和认证指标要求，可分为两个等级，即 AA 级和 A 级绿色食品稻米。无公害稻米是指在良好的生态环境条件下，遵循无公害生产技术操作规程，其产品不受农药、重金属等有害物质污染，或污染物含量不超过规定指标，卫生安全质量符合有关强制性国家标准及法律规定的稻米产品。

有机稻米的开发是严格与国外有机稻米生产标准接轨的，绿色食品稻米则是立足国内、适当兼顾国外市场需求（有机食品相当于绿色食品 AA 级，无公害食品相当于绿色食品 A 级），无公害稻米的发展立足于"米袋子"工程，可为消费者提供放心稻米产品，满足国内大部分生产需求。有机稻米、绿色食品稻米和无公害稻米的主要区别：①产地及其环境的要求不同。②施用肥料的来源不同。③有害生物的防治手段不同。④生产、加工与贮运的规范不同。根据我国不同稻区环境和生产条件，大部分地区应优先考虑发展无公害稻米（或 A 级绿色食品稻米），部分环境优良的地区可考虑发展有机稻米（或 AA 级绿色食品稻米）。

8. 特种稻主要有哪些类型？分别有什么特点？

特种稻是指具有特定遗传性状和特殊用途的稻米。特种稻米一般包括包稻米、香稻米和专用稻米三类。由于其特殊的营养、保健和加工利用的特点，故受到国内外的广泛重视。

色稻米的特点：色稻米是指糙米（颖果）带有色泽的稻

米。由于花青素在果皮、种皮内大量积累，从而使糙米出现绿色、黄褐色、褐色、咖啡色、红色、红褐色、紫红色、紫黑色、乌黑色等颜色。通常，红米的红棕色素集积在种皮内，紫米和黑米的紫色素、黑色素集积在果皮内，色米糠层中含有大量色素和丰富的营养成分，如蛋白质、赖氨酸、维生素、植物脂肪和人体必需的矿物质元素及一般大米缺乏的维生素C、胡萝卜素和药用价值很高的强心甙等。目前，色米以红米和黑米的糙米占绝大多数，但迄今未发现碾除种皮和果皮后还保胚乳有色泽的品种。色米可供做饭、煮粥、制糕、做饼、酿酒以及用于食疗、药疗，也可以从中提取自然色素等，用于食品工业。

香稻米的特点：香稻米是指米粒含有香味的稻米。香稻稻米与普通稻米外观没有差异，但在蒸煮时米饭能发出醇香的气体。有些香稻品种在整个生育期间的植株地上部分都具有香味，微风吹来，香气四逸。特别是在香稻抽穗开花期发出的香味更浓。香米以其香味浓郁、米粒晶莹、其糙米煮成的米饭芬芳而深受人们喜爱。香米经济价值高，含有丰富的蛋白质、多种氨基酸、生物碱、维生素 B_1 和维生素 B_1，以及多种人体必需的营养成分，具有某种滋补和药用效果。

专用稻米的特点：专用稻米是指专门用于食品工业加工用的稻米，如酒米、软米、蒸谷米、糕点米、巨胚米、饲料米等。酒米是专门用来酿酒的稻米，可分为粳酒米和糯酒米两类。软米是一种特有的籼型优质米，米质介于糯性和黏米之间，其米饭质软而爽口，冷后不变硬，不回生。蒸谷米是稻谷经过浸泡、蒸熟、干燥等一系列水热处理后供食用的大米，蒸谷米胀性大，米饭蓬松，粒粒分离，且易消化。饲料稻有两种类型，一是具有极高的稻谷产量和较高的蛋白质含量，另一种是作为割青饲料，营养生长旺盛，再生能力强，茎、叶、幼穗中蛋白质含量、氨基酸含量、微量元素含量较高，可以多次收割，作为牛、羊、猪和鱼类的青饲料或饵料。

9. 如何理解旱稻与水稻的区别?

旱稻也叫陆稻，其生物学特性、外部形态和内部解剖结构与水稻相同，如旱稻也有适于沼泽生长的裂生通气组织，由根部通过茎叶与气孔连接，以吸收空气来补充淹水条件下氧气的不足。因此，可以认为旱稻是由水稻演变而来的、适于旱作的稻作类型。陆稻与水稻相比，最大的不同之处就是旱稻适宜在完全旱田条件下栽培种植，只要土壤中含有一定量的水分，它就可以生长良好。

10. 如何理解水稻产量的构成因素?

水稻的稻谷产量，是由单位面积上穗数、每穗粒数、结实率和粒重四个因素构成的。用公式表示：稻谷产量（kg）= 单位面积穗数（万）× 每穗粒数 × 结实率（%）× 粒重（g）。这4个因素相互联系、互相制约和相互补偿。实践证明，无论任何品种，都以单位面积穗数和每穗总粒数的负相关最明显，即单位面积穗数愈多，其每穗着粒数就愈少。每穗总粒数与结实率的负相关次之。而千粒重受其他因素制约的程度最小。当然，在不利于籽粒充实的高温、低温、少日照、多阴雨的年份，也可导致千粒重明显下降而引起大减产，或者抽穗、扬花、灌浆时遇上阳光充足、昼夜温差较大、栽培条件良好，也会使粒重明显增加。

穗数是4个因素中形成较早的因素，是其他3个因素的基础，与产量的关系密切。一般来说在单位面积上穗数较少时，产量随着穗数的增加而提高，当穗数增加到一定范围，产量达到最高水平时，再增加穗数，产量不能再提高反而有下降趋势。单位面积上有效穗数由基本苗（株）和每株成穗数两个因素构成。基本苗（株），主茎栽入大田能成穗，3叶大穗栽入大田后100%和主茎一样成穗，2叶以下的小蘖只有成活的才能成穗（成活率为）10%~50%；单株成穗数，指移栽后单株分蘖位的分蘖发生率以及发生分蘖的分蘖成穗率。水稻分蘖成穗率差异较大，少的只有50%左右，高的超过80%。成穗率高，有利于经济利用土壤养分和空间，改善群体通风透光条件，减少病虫威胁。分蘖盛期前后的各种环境因素和栽培措施，对穗数的影响最大。

每穗粒数（颖花）是由颖花分化数和退化数之差决定的。稻穗的分化颖花数是与秧苗的壮弱、茎秆充实的程度紧密相关的，因而在幼穗分化前的整个营养生长状况对每穗颖花数都有影响。每穗颖花数的增殖是在苞分化期和颖花分化期（倒4叶至倒2叶），颖花退化盛期是花粉母细胞形成至花粉粒完成期（倒2叶至孕穗）。要促进颖花数增加，就必须在苞分化到颖花分化期创造良好的环境条件和提供充足的氮素营养；要减少颖花的退化，则应在减数分裂期前后创造适宜的生育环境。

结实率是指总颖花数与饱谷粒数的比例，常用百分率

（％）表示。从穗轴开始分化至胚乳增长大体完成的整个生殖生长期，对结实率都有影响。而影响最大的是花粉发育期（主要是减数分裂后期至小孢子形成初期）、开花期和灌浆盛期。在前两个时期，如果遇到不良气候条件或是栽培管理不当，会导致雄性不育或使开花受精不良影响而形成空粒；在后一个时期，如果稻株营养不良或遇不良环境条件，则易导致灌浆不良而形成秕粒。

稻谷的粒重是由谷壳的体积、胚乳发育的好坏这两个因素决定的。粒重的形成，取决于籽粒充实过程中光合产物的多少和可能转移到经济产量中的程度。抽穗前贮备一定的物质积累，抽穗后进一步加强光合作用，提高净光合生产力，促进碳水化合物向谷物运输，对提高粒重作用很大。

二、水稻栽培特性

11. 水稻一生通常分为几个生育阶段?

水稻自子房受精形成受精卵便是一个新世代的开始，但习惯上都是将种子萌发到新种子成熟算作水稻一生生长发育的全过程。生长与发育是两个不同的概念，生长是指植株体积、重量增加的过程，指数量的增加。发育是指为了繁殖下一代所发生的质的变化。但生长与发育又是相辅相成、不可分割的过程，发育是在前一段达到一定的生长量的基础上进行的，发育的同时也在进行量的增加，每一阶的发育之后又有一定量的生长过程。

水稻一生的生长发育过程可分为三个阶段：种子萌发至幼穗开始分化前为单纯的营养生长阶段，幼穗开始分化至抽穗前为营养与生殖生长并进期，抽穗至成熟是单纯的生殖生长期。但一般习惯划分是以幼穗分化为界，幼穗开始分化前称为营养生长期，幼穗开始分化后称为生殖生长期。在生产实践中，根据其外部形态发生显著变化的情况，将水稻一生可分为幼苗

期、返青期、分蘖期、穗分化期（长穗期）和结实期等若干
个生育时期。幼苗期为萌发出苗至三叶期；分蘖期通常为秧苗
四叶到拔节，对于移栽稻，插秧后有一段缓苗时间的返青期，
然后开始分蘖；穗分化期（长穗期）为稻穗分化开始到抽穗；
结实期为抽穗后至稻谷成熟。

12. 怎样理解水稻的感光性、感温性和基本营养生长期？

　　水稻的感光性，是指水稻生育转变（营养生长转为生殖
生长）对日照长度的反应特性，有些水稻品种感光性强，只
有在日照长度短于一定的临界值时，才能进行幼穗分化和抽
穗。缩短光照可提早这一进程，延长日照则延迟这一进程。有
些水稻品种感光性弱，缩短和延长日照对水稻的幼穗分化和抽
穗影响较小。

　　水稻的感温性，是指水稻的生育转变（营养生长转为生
殖生长）受温度条件显著影响的特性。水稻是喜温作物，高
温可以促进其生育转变，使生育期缩短。有些水稻品种感温性
强，有些水稻品种感温性弱，我国大部分水稻品种都是感温性
较强的，感温性较弱的水稻品种较少。

　　水稻的基本营养生长期，是指水稻在充分满足温度（高
温）和光照（短日照）等条件下进行生育转变所需的最短的
营养生长期。水稻的基本营养生长期一般为 15～60 天，其中：
感光性强的水稻品种基本营养生长期较短，而感光性弱或迟钝
的品种基本营养生长期较长。

了解水稻的感光性、感温性和基本营养生长期，可用于指导水稻品种的合理选用，确定播期和秧龄，制定合理的栽培管理措施。

13. 什么是水稻的种子根和不定根？ 如何理解水稻的"白根有劲、 黄根保命、黑根丧命"？

水稻根系属须根系，约占总根量90%的根系分布在0～20cm土层中。根据发根的部位不同，水稻根可分为种子根和不定根。

种子根是由种子的胚根直接发育而成的根。种子根只有一条，种子根上发生分枝根，形成种子根系。种子根垂直向下生长，除支持幼苗生长外，主要在幼苗期起吸收水分和营养作用，以后衰老而死，寿命极短。

不定根是从茎的基部各节由下而上依次发生的根。从芽鞘节上长出的根，称为芽鞘节根。在秧苗2叶期内发出的不定根，共有5条，因其短白粗壮、形似鸡爪而俗称为鸡爪根，鸡爪根对扎根立苗极为重要。随着稻株生长，每一节上都能发生大量的冠根，一般每节发生5～25条根。不定根上能发生分枝根，直接从不定根上发出的分枝根称为一次分枝根，一次分枝根可发生二次分枝根，二次分枝根又可发生三次分枝根。分枝根粗而长、分枝根次数多的稻株生长健壮，分枝根细而短、分枝根次少的稻株生长差，优质高产的稻株根系可发生五次、六次分枝根。由不定根与不定根上发生的分枝根组成不定根系，数量多、寿命长，是水根根系中最重要的部分，稻株的生长发育主要靠不定根系吸收肥料和水分。在水稻生长上，必须通过有效的调控措施，不断促进根和分枝根的发生，并促进根尖不断生长，形成根系深广，吸收面积大的根群，以满足水稻优质高产所需的营养和水分供应。

稻根颜色的变化，表明了根系活力的变化，常有"白根有劲、黄根保命、黑根丧命"的说法。水稻的新根或根的尖端部位，与体内的通气组织相贯通，具有向根际土壤泌氧的能力，因而能使根保持原来的色泽而呈白色。在根的中部和基部的老熟部分，泌氧能力减弱，会出现黄褐色或红褐色。有土壤通透性不好、有毒物质伤及根部的情况下，会使根呈现黑色、青灰色，或被毒死呈水渍状。白根具有很强的生理功能，其生命力和吸收能力都很强；而黄根一般出现在老根和根的基部表面，黄根的吸收能力大大减弱；黑根的生理机能进一步衰退。因此，在生产上，上述几种类型根的数量多少，常被作为根系是否健康和土壤通透状况是否良好的重要指标，而把黄白根的比例作为根系活力状况的诊断指标。良好的土壤通透条件、营养状况和光照条件，能保持根系不出现黑根、灰根和水渍状根，并提高白根的比例。当发现黑根比较严重时，应及时采取断水搁田、间歇灌溉等措施，改善土壤通气状况，延长根系的寿命。

14. 如何理解水稻叶片颜色的"黑" "黄"变化?

　　水稻叶片颜色的"黑""黄"变化已成为高产优质栽培中看苗诊断的重要指标。"黑",叶色深,反映了体内氮素含量高,有利于正在形成中的新生器官的分化发育,使新生器官数量增多,促进分蘖扩展、穗分化发育及结实膨大,但体内碳水化合物的积累、贮藏不足,在光照不足等情况下,碳素亏缺严重,会使叶片过于伸长而茎秆不充实健壮,不利于抗倒、抗病虫,也减弱了抵抗不良气候条件的能力,在穗开始分化发育以及开始结实膨大的初期,不利于营养物质的转移。"黄",叶色褪淡,反映了作物体内碳水化合物的积累量相对增加,有利于组织的充实老健,能增强作物的抗倒、抗病虫和抵抗不良环境的能力,同时有利于营养生长向生殖生长转移和提高结实率,但抑制了正在形成着的器官分化发育和正在伸长中的器官生长。"黑"必须能积极促进作物的有效生长,而不能助长无效生长,"黄"必须有效地控制作物的无效生长,而不能阻碍有效生长,因而"黑""黄"出现的时间顺序是十分重要的,在生产上应根据生育各期水稻器官建成的特点和栽培的目的,使水稻适时地、有节奏地出现"黑""黄"变化。水稻从插秧后,随着秧苗的生长发育,新的叶片不断出生,老的叶片陆续枯死,叶片的更替,叶色也发生阶段性的变化。通常情况下,晚稻有三次的"黑""黄"变化,中稻有两次的"黑""黄"变化,而早稻只一次"黑""黄"变化。以5个伸长节间的中稻为例，在分蘖期叶色深绿（出现第一次黑），至有效分蘖临界期叶龄及幼穗分化初期时叶色转淡（出现第一次黄），中稻的幼穗分化和拔节是同时的，所以这一段的叶色变化不明显，倒二叶至孕穗时叶色转为深绿（出现第二次黑），到抽穗前叶色转淡（出现第二次黄）。

15. 水稻分蘖发生有什么规律？

分蘖是从茎上每个未伸长节的叶腋上长出的分枝。发生分蘖的茎节叫分蘖节，着生分蘖的稻茎叫做分蘖的母茎。

分蘖的先出叶与主茎的鞘叶相当，白色无叶片，包在母茎叶鞘内一般看不到，当分蘖发生时可以看到的已经是分蘖的第一叶。稻株主茎上长出的分蘖为第一次分蘖，第一次分蘖上长出的分蘖为第二次分蘖，依次类推。同一稻株上可发生第三、第四次分蘖。水稻主茎出叶和分蘖发生具有叶蘖同伸规则，严格按照 n 叶出叶相当于 $n-3$ 叶腋分蘖的原则，这种关系在各次分蘖中均保持着。即当主茎出叶时，新叶以下第三叶位分蘖的第一片叶伸出，主茎出新叶与一次分蘖的关系如此，一次分蘖与二次分蘖的关系或是二次与三次分蘖的关系也是这样。在生产环境与营养条件良好的情况下，水稻植株将会大量地发生分蘖。水稻一生的主茎叶龄数不同，其全生育期产生的分蘖数差别非常大。例如：根据模拟理论值，如果植株各个蘖位的分蘖全部发生时，主茎 13 个叶片的品种分蘖总数（不包括鞘蘖）为 59 个，其中：一次分蘖 10 个、二次分蘖 28 个、三次分蘖 20 个、四次分蘖 1 个；主茎 16 个叶片的品种分蘖总数

（不包括鞘蘖）达到 188 个，其中：一次分蘖 13 个、二次分蘖 55 个、三次分蘖 84 个、四次分蘖 35 个、五次分蘖 1 个，主茎 19 个叶片品种的分蘖总数（不包括鞘蘖）达到 594 个，其中一次分蘖 16 个、二次分蘖 91 个、三次分蘖 220 个、四次分蘖 210 个、五次分蘖 21 个。

分蘖是自下而上地依次发生的，同一母茎上，分蘖最早发生的节位称为最低分蘖节，最上一个发生分蘖的节位称为最高分蘖节。一般分蘖出现越早，蘖位、蘖次越低，营养生长期越长、茎秆较粗壮，叶片数和发根数越多，越容易成穗，穗型也越大；反之，分蘖出现越迟，蘖位、蘖次越高，其营养生长期越短，叶片数和发根数越少，成穗的可能性就越小，穗型也越小。

16. 水稻分蘖期的生育特点有哪些？生产上的管理目标是什么？

水稻移植大田后，经过一段缓苗后，即开始分蘖。按分蘖时间和速度不同，又可分为分蘖始期、分蘖盛期、最高分蘖期、有效分蘖期终止期和分蘖末期。分蘖数开始时增加较慢、数量少（称为分蘖始期），随着稻株的不断生长，分蘖速度加快、稻株生长旺盛（即进入分蘖盛期），分蘖茎数迅速增加达到最高分蘖数时称为最高分蘖期。最高分蘖期以后，分蘖茎数的增加缓慢，并有部分茎蘖死亡，最后达到一个稳定数值，这一时期称为分蘖末期。

返青分蘖期是水稻生长分蘖、根系、叶片，并以分蘖为中心的营养生长期。是培育足够数量的有效分蘖，形成合理叶面积，积累一定量的有机物质，培植强大根系，打好丰产架子，为过渡到生殖生长打好物质基础的重要时期；也是决定每亩穗数的关键时期。此期，针对稻株体内表现出以氮素代谢为主的生育特点，对氮素营养的要求较高，要供应充分的氮素营养。

在生产上，返青分蘖期的管理目标是促进分蘖的早生快长和有效分蘖的健壮生长，以确保群体目标产量所要求的足够穗数，应采取有效的调控措施，做到移栽后快速返青、活棵，活棵后力争分蘖快速生长、及早够苗，适时搁田以促进有效分蘖健壮生长、控制无效分蘖。

17. 稻穗有何特点？幼穗分化与发育通常分成哪几个时期？

稻穗的长度一般 20cm 左右，圆锥花序，着生在穗颈节上，由穗（主）轴、第一次枝梗、第二次枝梗和小穗组成。

一个稻穗从剑叶的叶鞘抽出到穗颈节的部分叫穗颈，从穗颈节到退化生长点的部分叫穗轴。穗轴上长出的枝梗为一次枝梗，由一次枝梗长出的枝梗叫二次枝梗。由一次枝梗和二次枝梗上长出小穗梗，上面着生小穗（即颖花），每个小穗只有一个颖花，长成了就是一粒稻谷。每个穗轴上有一次枝梗 6～15 个、二次枝梗 12～30 个。一般每个一次枝梗上有 5～9 个颖花，每个二次枝梗上有 3～5 个颖花。颖花由内颖、外颖、鳞片、雄蕊和雌蕊各部分组成。内外颖互相钩合而成谷壳，保护花的内部和米粒。外颖先端尖锐（称为颖尖），或伸长成芒。芒的长短是品种特征。颖壳内有6个雄蕊，3个排列1列。花药有4室，每室成为1个花粉囊，内含很多黄色球形的花粉粒。花丝细长，开花时迅速伸长，可达开花前的5倍。雌蕊1个，位于颖花的中央，柱头分叉为二，各呈羽毛状。花柱极短，子房呈棍棒状、1室，内含胚珠，子房与外颖间有两个无色的肉质鳞片，中有1个螺纹导管，开花时，鳞片吸收水分，使细胞膨胀，约达原来体积的3倍，推动外颖张开。每个分化出来的枝梗和颖花，在环境条件不利的情况下会发生退化，在穗节上面留下一个茸毛状痕迹。凡是枝梗数多的，尤其是二次枝梗数多的品种，则穗大、粒密、粒多，但密穗型品种的结实率低。

稻株在满足光温要求，完成发育阶段的转变之后，剑叶分化完成，茎生长锥分化出第一苞原基，便是穗分化的开始。稻穗发育是一个连续的过程，为了识别，通常人为地将幼穗分化与发育的全过程划分为第一苞分化期、一次枝梗分化期、二次枝梗原基及颖花原基分花期、雌雄蕊形成期、花粉母细胞形成期、花粉母细胞减数分裂期、花粉内容物充实期和花粉完成期等8期。最简单的划分法是将稻穗发育过程划分为幼穗形成阶段（简要分成枝梗分化期和小穗分化期）和孕穗期（简要分成减数分裂期和花粉粒形成期）。

18. 水稻拔节孕穗期的生育特点有哪些？生产上的管理目标是什么？

经过分蘖期后，水稻植株开始从长叶、长蘖、长根，并以分蘖为中心的营养生长期拔节长秆、深扎根和以幼穗分化为中心的生殖生长期。拔节孕穗期是营养生长和生殖生长同时并时的时期。这个时期，一方面稻株拔节，节间相继分化、伸长，根、茎、叶片大量生长，与此同时，幼穗开始分化发育，直到穗的形态及内部生殖细胞全部建成。水稻拔节与幼穗分化之间在时间先后方面的关系，主要取决于伸长节间数的多少。其关系在三种类型：①重叠生育型。一般主茎为 4 个伸长节间的品种，在拔节时幼穗早已开始分化，即先幼穗分化后拔节的生育类型。②衔接生育型。一般主要为 5 个伸长节间的品种，在拔节时，幼穗刚开始分化，即幼穗分化与拔节同时进行的类型。③分离生育型。一般主茎为 6 个伸长节间的品种，在拔节时幼穗尚未分化，即先拔节后幼穗分化的生育类型。

拔节孕穗期的稻株生长量迅速增大，根量达到最大，分蘖向两极分化，最后 3 片叶开始生长，稻株叶面积达到最大，同时稻穗迅速分化。此期是每亩穗数的巩固期，也是决定每穗粒数多少的关键时期，生产上的管理目标是在拔节前后到抽穗期，保持稻株个体的良好生长，群体合理发展，对于形成大穗，巩固穗数，防止倒伏，提高结实率和粒重均有重要的作用，这一时期是水稻产量形成过程中极为重要的时期。

19. 水稻抽穗开花及其灌浆结实有何规律？

水稻幼穗分化完成后 1~2 天，稻穗从剑叶的叶鞘中抽出，当穗顶露出剑叶叶枕 1cm 即为抽穗。通常把 10% 的稻穗露出剑叶叶鞘称始穗期，露出剑叶叶鞘 50% 为抽穗期，露出剑叶叶鞘 80% 为齐穗期。抽穗的顺序常为先主茎、后分蘖，先低节位分蘖、后高节位分蘖。通常情况下，一个稻穗从穗颈露出剑叶叶鞘到整个穗子全部抽出，早稻 3～4 天，中、晚稻为 4～5 天。抽穗时，由于低温、肥水不足或是品种因素，常会出现稻穗不能全部抽出的现象（生产上称为"包穗"或"包颈"），被包住的稻穗常不能结实，最后形成秕粒、空壳。

稻穗抽出的当天就能开花。开花的顺序为同一稻株先主茎后分蘖、先低位分蘖后高位分蘖；同一稻穗最上部枝梗先开花，顺序向下；同一枝梗顶端颖花先开，以后是枝梗基部的一朵颖花开放，然后顺次向上开，顶部第二朵颖花开得最迟。通常把开花早的小穗称为强势花，开花迟的称为弱势花，弱势花易形成秕壳。通常开花时间多在上午 7：00～9：00 开始，10：00～12：00 前后为开花盛期，下午 3：00 后开花很少。水稻自开花后约 25～45 天籽粒饱满成熟。

水稻稻粒的整个成熟过程，可分为乳熟期、蜡熟期、完熟期及枯熟期 4 个时期。乳熟期（也称灌浆期），是开花后米粒中有淀粉积累，开始出现白色乳浆的时期，一般为 7～9 天，此期的稻株茎秆、叶片、谷壳均为绿色，米粒中也有叶绿素，一挤压就能压出乳浆来。蜡熟期，用手挤压稻粒，流出蜡质状物质，一般需 7～10 天，此期的稻株茎秆、谷壳开始转黄，米粒开始变硬。完熟期，米粒坚硬，呈现出固有的颜色，此期的稻株茎秆、叶片各部分颜色转黄，完熟期的后期，是生产上收割的适宜时期。枯黄期，护颖枝梗均易折断，稻穗易落粒，色泽灰暗。

20. 水稻抽穗期的生育特点有哪些？
生产上的管理目标是什么？

水稻抽穗结实期是以生殖生长为主的阶段，根、茎、叶等营养器官的生长基本停止。一切生理活动都围绕灌溉结实而进行，根部吸收的营料、水分以及叶片的光合产物、茎秆叶鞘中积累的养分都向穗部转运，籽粒的生长和充实成为稻株生长和物质积累的中心。

这个时期是决定粒重、结实率的关键时期，此期的管理目标是保持群体较高的绿叶面积以及较长的功能叶寿命，以维持较高的光合生产率，对争取水稻高产极为重要。植株早衰或贪青，都会影响灌浆结实，造成空秕率增加和千粒重下降。

21. 稻种发芽对环境条件有哪些要求？

（1）温度。一般种子发芽最低温度为10℃（粳稻）或12℃（籼稻），最适温度为28～30℃，最高温度为40～45℃。当温度低于10℃时，稻种不仅不能发芽，还会因呼吸仍在进行而消耗营养物质导致烂种。对于已发芽的芽谷，低温会影响根系生长，导致烂秧。在催芽过程中，如谷堆温度过高（高于40℃），会引起烧芽。

（2）水分。当外界温度达10～20℃时，水分是种子发芽的首要条件。种子吸水达到自身重量的15%～18%（以风干重计）时，胚就开始萌动，但进程很慢。一般水分占种子自身重量的25%（籼稻）或30%（粳稻）为正常发芽所需的水量。为促使种子迅速而整齐发芽，预先浸种十分必要。

（3）氧气。种子萌发分为两个性质不同的阶段：第一阶段是从种子吸涨到破胸，以无氧呼吸为主，仅胚芽萌动，而幼根未伸长；第二阶段是破胸后，以有氧呼吸为主，通过有氧呼吸产生较多的能量和中间产物，来满足种子种、不完全叶及完全叶幼叶的生长需要。因而长时间的无氧呼吸对种子萌发和幼苗生长是不利的。

22. 水稻苗期对环境条件有哪些要求？

（1）温度。苗期生长的最适温度为30～32℃，最高温度为42℃。出苗后幼苗生长的快慢，与温度密切相关。从出苗到3叶期，13～15℃条件下需13～15天，15～25℃条件下需5～9天，25～30℃条件下需4～5天，高温下秧苗生长快，但苗体软弱。若秧苗期间（特别是3叶期以前）的日平均气温连续3天低于12℃时，易染病，出现烂秧、死苗，如果温度高于40℃时，秧苗易被灼伤。

（2）水分。随着秧苗的生长，对水分需要量增加。出苗前，土壤保持田间持水量60%，就足够发芽出苗。3叶期前，田间持水量应在70%左右，保证充足氧气，促进根系发育。3叶期以后，气温增高，叶面积扩大，需水量增加。

（3）养分。土壤氮素充足，幼苗吸收氮素多，胚乳消耗快，幼苗干重增加也快，因而早施氮肥是培育壮秧的关键措施之一。但过多吸收氮素，会削弱根系生长，地上部叶片生长过快，使秧苗软弱，抗逆性降低。磷、钾肥能提高发根力和抗寒力。在缺素土壤条件下，施用微量元素铁、锌对秧苗生长发育有明显的促进作用。

（4）氧气。秧苗生长需要大量的氧气，在秧田淹水的条件下秧苗生长瘦弱。3叶期以后，根部才形成通气组织，通过叶片可以从地上部获取氧气，秧苗对土壤中缺氧环境的适应能力逐渐增强。

（5）光照。光照是秧苗健壮生长的重要条件之一。光照不足，秧苗软弱，抗逆性差。秧田稀播，通过保持较好的光照条件，以培育壮苗。

（6）土壤。水稻是喜酸耐酸作物，特别是旱育秧的情况下，一定的酸度能够控制土壤病原菌的活动，影响某些营养元素的存在形态，有利于秧苗生长，提高抗逆能力。

23. 水稻返青分蘖期对环境条件有哪些要求？

（1）温度。水稻分蘖的最适气温为 30～32℃，最适水温为 32～34℃。最高气温为 38～40℃，最高水温为 40～42℃。最低气温 15～16℃，最低水温为 16～17℃。水温在 22℃以下，分蘖就较缓慢。低温使分蘖延迟，且影响总分蘖数和有效穗数。因此，通常在气温稳定在 15℃以上的条件下移植水稻。

（2）水分。分蘖期是对水敏感的时期，稻田土壤含水饱和至淹灌浅水层有利于分蘖，在高温条件下（26～36℃），土壤持水量在 80% 时分蘖发生最多。深水灌溉（水层超过

8cm），使分蘖节处在光照弱、氧气不足、温度低的条件下，可以抑制分蘖；若水分小于最大田间持水量的70%时，对分蘖也抑制作用。栽培上常采用搁田来控制分蘖的产生。

（3）养分。一般来说，营养水平高，分蘖早而快，分蘖持续时间长；反之，营养缺乏时，分蘖发生迟，停止早。在各种营养元素中以氮、磷、钾对分蘖影响最显著，特别是氮素影响最大。

（4）光照。分蘖期需要充足的光照，以提高叶片光合强度，增加光合产物，促进分蘖发生。移植后，若阴雨天多，同化产物少，叶片叶鞘都长得细长，就不易长分蘖，即使长出来也会死去。

24. 水稻拔节孕穗期对环境条件有哪些要求？

（1）温度。水稻幼穗分化的最适气温为 26~30℃，而以昼温 35℃、夜温 25℃ 更有利于形成大穗。幼穗分化的临界低温是 15~18℃。稻穗发育的最高温度为 40~42℃。在减数分裂低温和高温的危害都引起颖花的大量败育和不孕。

（2）水分。幼穗分化开始到抽穗，是水稻一生生理需水最多的时期，尤其以花粉母细胞减数分裂期对水分最为敏感。在幼穗分化期要求田间最大持水量保持在90%以上。如果田间缺水干旱，则会影响水稻正常生理活动，不利于颖花发育。相反，如果水稻受淹，稻穗生长也会受到影响。

（3）养分。拔节孕穗期是碳氮代谢两旺的时期，需要大量的养分供应，此时如果缺乏营养，将对幼穗分化产生不利影响。在抽穗前 30~40 天即第一苞分化期施肥，可促进颖花分化，2 次枝梗数增加；在抽穗前 10~20 天即雌雄蕊形成期至花粉母细胞减数分裂期施肥，可防止颖花败育，确保粒多。前期肥料称为"促花肥"，后期肥料称为"保花肥"。

（4）光照。光照强度对幼穗分化关系密切，光照强有利于幼穗分化。在穗分化时低温阴雨、日照少，或者稻株封行过早、田间郁闭，都会造成枝梗及颖花的败育。增强光照和延长日照时间，能提高光合效率，满足穗分化过程中有机养分的需要。

25. 水稻灌溉结实期对环境条件有哪些要求？

（1）温度。抽穗开花期，最低临界平均气温粳稻为 20℃、籼稻为 22℃，低于临界温度连续 3 天易形成空壳和瘪粒，当连续 3~5 天日平均气温高于 35℃ 以上，会造成结实率下降。一般适宜灌浆的气温为 20~22℃，且在灌浆前 15 天以昼温 25℃、夜温 19℃，日平均温度 24℃ 为宜，灌浆后 15 天以昼温 20℃、夜温 16℃，日平均温度 18℃ 为宜，有利于提高结实率。

（2）水分。灌浆期对水分的要求，仅次于拔节孕穗期和分蘖期。此期水分不足会影响叶片同化能力和灌浆物质的运输，导致灌浆不足，不仅会造成减产，还会影响稻米品质。

（3）养分。灌浆期间叶片含氮量与光合能力之间有密切关系，适当施氮，可增强单位叶面积的光合作用，灌浆期间，维持最大绿叶面积，防止叶片早衰，提高根系活力，有利于提高产量。但过量施氮，会导致贪青迟熟，不仅影响产量，还会降低稻米品质。生产常上常采用根外追肥方法，根据稻株生长情况适量补肥，采取补施磷、钾肥等手段，以确保灌浆过程的正常进行。

（4）光照。光照强度和光照时间影响稻叶的光合作用和碳水化合物向谷粒的运转。高产水稻谷粒充实的物质，90%左右是靠抽穗后的光合产物，因而灌浆期的光合效率将直接影响水稻产量。

三、水稻生产管理

26. 水稻种植方式主要有几种？

水稻种植按是否移栽分成直播稻和移栽稻两种方式。

直播稻就是不经育秧和移栽而将直接将种子播于大田的一种种植方式。根据土壤水分状况以及播种前后的灌溉方法，通常将直播稻分为水直播和旱直播。

水稻的育秧移栽，秧田占地面积少，便于集中施肥、灌溉、防除病虫草害，易于管理；可选用生育期较长的品种，充分利用温光资源，挖掘水稻增产潜力；对于多熟种植茬口，能解决前后茬矛盾；通过壮秧移栽，能保证大田基本苗，有利于提高群体质量。

移栽稻的育秧方式，主要有水育秧、湿润育秧、旱育秧、塑料软盘育秧、双膜育秧、塑料薄膜保温育秧、两段育秧等。①水育秧。水育秧是我国传统的育秧方式，是指整个育秧期间，秧田以淹水管理为主，即水整地、水作床，带水播种，出苗过程除防治绵腐病、坏种烂秧及露田扎根外，一直都建立水层。它利用水层防除秧田杂草和调节水、肥、气、热、盐分的变化，来满足秧苗生长的需要。但由于长时间灌水，土壤氧气不足，这种育秧方式常有坏种粒芽、出苗和成苗率都低、秧苗细长不壮、分蘖弱等弊端，现在生产上已不提倡使用。②湿润育秧。湿润育秧也叫半旱秧田育秧，是20世纪50年代中在水育秧的基础上加以改进后的一种露地育秧方法。主要特点深沟高畦面、沟内有水、畦面湿润，水整地、水作床，湿润播种，扎根立苗前秧田保持湿润通气以利根系下扎，扎根立苗后间歇灌溉、以湿润为主。湿润育秧方式容易调节土壤中水气矛盾，播后出苗快、出苗整齐，不易发生生理性立枯病，有利于促进出苗扎根，防止烂芽死苗，也能较好地通过水分管理来促进和控制秧苗生长，已成为替代水育秧的较为常见的育秧方法。③旱育秧。旱育秧是在旱地条件下育苗，苗期不建立水层，主要依靠土壤底墒和浇水来培育健壮秧苗的一种育秧方式。旱育秧需高肥力水平的秧床，故称之肥床旱育秧。秧床通过有机肥料培肥后，苗期很少追施肥料，床面土壤上下通透性好，有利于培育根深、根毛多、白根比例高的壮秧，移栽后缓苗期短、发根快、分蘖早。旱育秧操作方便、节地节水、省工省时。旱育秧时，通过覆盖薄膜保湿、药剂防病等措施，能有效地解决因水分短缺导致的出苗不齐的问题，并较好地控制了立枯病的发生以及鼠雀危害。旱育秧现已成为优质高产水稻生产中应用面积较大的育秧方法。④塑料软盘育秧。塑料软盘育秧是随着抛秧技术发展来形成的育秧方式，其特点是利用塑料软盘培育秧苗，培育的秧苗根体带土、穴体之间分离。塑料软盘育秧能提高秧本田的比例、降低育秧成本，管理方便，秧苗素质好，苗期不易病，育出的秧苗可以栽插，更便于抛栽。根据育秧时水分管理的不同，又将塑料软盘育秧分为塑盘旱育秧和塑盘湿润育秧两种类型。⑤双膜育秧。育秧时采用两层地膜，即在秧板上平铺地膜（需要事先对地膜按一定规格打孔），然后在有孔地膜上铺放底土（铺土厚度 2.0cm），完成灌水、播种、盖土、铺草等程序后，再覆盖一层地膜。一般在秧苗出土 2cm左右时揭膜炼苗。起秧前要将整板秧苗用切刀成长一定规格的秧块，切块深度以切破底层有孔地膜为宜，以便机插。⑥塑料薄膜保温育秧。塑料薄膜保温育秧是 20 世纪 60 年代初创造的，是在湿润育秧基础上，畦面上加盖 1 层塑料薄膜，以提高和保持畦面温度和湿度的一种育秧方法。覆盖方法种类很多，有拱形和平铺。这种育秧方式有利于保温、保湿、增温，可适时早播，防止烂芽、烂秧，提高成秧率，早春播种预防低温冷害是十分必要的。⑦两段育秧。是将水稻的育秧过程分成两段进行的一种育方法。第一阶段，采用密播方法培育小苗（通常为3~4叶）；第二阶段，将小秧苗移植到寄秧田，继续培育壮秧。水稻两段育秧方式的主要优势是能解决早播与迟栽的矛盾，可以培育出大龄壮秧，缓解水稻生长的季节矛盾。不足之处是水稻育秧过程花工较多，从寄秧田向本田移栽的过程中，拔秧、运秧、移栽的劳动强度和用工量均较大。⑧其他育秧方式。此外还有塑盘硬盘育秧、工厂化育秧、场地小苗育秧等。

　　水稻移栽方式主要有：①手插。手插是最传统的一种移栽方式。插秧规格不同，势必造成株行间光照、营养、通风、湿度等田间生态环境的不同，进而影响产量。生产实践中，往往通过移栽基本苗和插秧规格来调整水稻群体与稻株个体之间的矛盾。②机插。机插秧是水稻生产机械化的主要方式，它是以机器代替人工插秧以降低劳动强度、提高生产效率。③抛栽。

抛秧是指将带土秧苗往空中定向抛撒，利用带土秧苗自身重力落入田间定植的一种水稻移植方式。

除上述之外，还有一种叫做"再生稻"的种植方式。再生稻是在头季稻收割后，利用稻桩上存活的休眠芽或潜伏芽，给予适宜的水、温、光和养分等条件，加以培育萌发成再生分蘖，进而抽穗成熟的一季水稻，俗称"抱孙谷"或"秧孙谷"。

27. 水稻肥床旱育稀植的技术特点有哪些?

水稻肥床旱育秧是指在肥沃、疏松、深厚的旱地苗床上，杜绝水层灌溉，通过控制水分的管理办法进行旱育秧，培育苗体健壮、发根力和抗逆性强的标准化壮秧，配套大田合理株行距、肥水调控等措施，构建高产优质群体，实现水稻高产优质的一项稻作技术。这项技术是20世纪80年代从日本引进到我国东北稻区进行试验，后来由北向南逐步发展起来，各地在吸收日本寒地旱育稀植技术基础上，根据当地的生态环境、生产条件和技术水平，进行了相应的改进和完善，形成了不同地区各具特色的肥床旱育壮秧高产栽培技术体系。

由于肥床旱育秧具有苗体健壮、发根力和抗逆性强、易活棵早发和高产节本等优势。与水育秧或湿润育秧相比，利用旱地育秧，操作方便，同时具有省水、省稻种、省秧田，一般比湿润育秧节省水50%～60%、节省种子30%～50%、节省秧田70%～80%。根据生产需要，可培育出秧龄在18～45天的旱秧，品种选择的余地较大。培育的秧苗矮健，白根多，根系活力强，抗逆性好；通过培育矮壮秧、扩大移栽行距，返青成活快，分蘖发生早，分蘖旺盛，成穗率高，抗倒能力强，穗大粒多结实好，有利于协调水稻生长季节的诸多矛盾。

28. 水稻塑盘育秧抛栽的技术特点有哪些？

水稻塑料软盘育秧是随着抛秧技术发展来形成的育秧方式，其特点是利用塑料软盘培育秧苗，培育的秧苗根体带土、穴体之间分离。水稻抛秧是指将带土秧苗往空中定向抛撒，利用带土秧苗自身重力落入田间定植的一种水稻移植方式。1975年，日本学者松岛省三等研制出塑料孔盘育苗，随后我国在引进日本塑盘抛秧的基础上，开始研究水稻孔体育秧抛栽技术。自 20 世纪 80 年代末期至 90 年代初期以来，我国农村乡镇企业不断发展，农业劳动力的迅速转移，水稻抛秧栽培得到广泛地研究和推广应用。该技术具有高产稳产、省工省力等突出优势，适宜在水稻机械化生产条件不高的水稻产区。

该技术通过塑料软盘培育秧体带土、相互分散、适龄矮健的秧苗，然后抛栽大田，既简化了人工拔秧、插秧等繁体力的劳作环节，省工、省力、轻型高效（通常一个劳力每天可抛栽 3~5 亩（1 亩≈667 m² 全书同）），同时又有秧田期，充分地利用了育秧阶段的温光资源，有利于生长期较长、产量潜力大的偏迟熟品种正常生长发育，确保高产、安全成熟，能有效地克服直播稻、晚播机插秧因播种育秧迟、生育期缩短、栽插季节紧张等方面存在的限制因素。

塑盘旱育秧集肥床育秧和塑盘育秧的优势于一体，播种期不受水源限制，旱秧地育秧操作方便，能够节省秧田面积〔秧田大田面积比为1∶（35～40）〕，小面积分散种植时可选择在家前屋后的零星菜地进行育秧，这样原有秧田可以节省下来种植夏熟作物或蔬菜。还可连片规模化育秧，有利于统一供种、统一育秧管理。塑盘旱育秧，可省去常规湿润育秧管理的相关成本，苗龄弹性较大，适宜于大、中、小苗的培育。

水稻塑盘旱育抛秧的生育特性主要有：塑盘育秧的苗体素质好，根系发达，白根多，吸收能力强；起秧时不伤根，抛秧时秧苗带土带肥，"全"根下田，秧苗植伤轻，且入土浅，加之旱育生态下形成的抗旱、抗植伤能力，抛栽后能迅速吸水，大部分根原基蓄劲待发，抛后遇水能猛然暴发，一般在抛后第二天就有白根冒出，因而无明显生长停滞期，分蘖起步早、发生快、缺位少，高峰苗量大，群体有效穗多，但成穗率低、穗层整齐度较差；株型较松散，叶片张角大，田间叶片分布较均匀，最大叶面积高于手插秧，群体的光合能力较强；根系入土较浅，单株根量比手插秧明显增多，但根系分布浅而集中，在群体偏大、田间水分调控不当时可能发生根倒。

29. 水稻机插的技术特点有哪些？

水稻机插就是采用高性能的插秧机代替人工栽插秧苗的水稻移栽方式，它是现代稻作的基本方向，也是当前实现水稻高、稳产、优质和高效的现实选择。其技术特点：一是机械性能有较大提高，机械作业性能和作业质量完全能满足现代农艺要求；二是育秧方式有重大改进，采取软盘或双膜育秧，中小苗带土移栽，其显著特点是播种密度高，床土土层薄，秧块尺寸标准，秧龄短，易于集约化管理，秧池及肥水利用率高，秧田和大田比为 1：(80～100)，从而大量节约秧田。

机插稻的主要生育特性：由于其自身的特殊性，且对秧龄控制要求极其严格，其播种期推迟导致生育期缩短；机插稻是在规定规格的秧盘中进行育秧，播种密度极大，秧苗生长完全处于密生生态条件下，个体所占营养面积及生长空间小，苗间竞争加剧，秧苗小而素质趋弱，抗逆性较弱；机插稻的宽行浅栽，有利于低节位分蘖的发生，机插水稻的分蘖具有爆发性，分蘖期也较长，够苗期提前，但是高峰苗容易偏多，使成穗率下降，穗型偏小。

30. 水稻直播的技术特点有哪些?

直播稻秧苗从幼苗开始就直接在大田生长，秧苗生长的立地面积和占据空间比较大，与秧田生长的秧苗相比，环境条件大大改善，秧苗生长发育好。表现为秧苗生长健壮墩实，根茎粗壮。根系发育也好，秧苗素质明显好于秧田的秧苗。而且直播稻秧苗不经拔苗、移栽等措施，不会伤根损叶，为壮苗早发奠定基础。直播稻前期根系生长旺盛，又多分布在肥沃的浅层，前期生长容易过旺，而中后期容易出现早衰。直播稻的分蘖节位低，分蘖早，分蘖势强。生产上，通常直播稻播种期比移栽稻有所推迟，但其生长发育进程加快。在产量构成上，表现出每亩穗数多，而每穗粒数较少。直播稻主要生产优势是：节省了育秧以及移栽时的拔秧、运秧、栽秧等环节的用工，操作简便，如果采用机械直播，更适合规模化、集约化经营，而且劳动强度不大。

直播稻在生产上应用，存在突出问题主要有：一是在品种选择上具有局限性，尽管有些品种产量高、抗病性强、品质好，但由于生育期长，不适宜进行直播种植；二是播种质量难以保证，生产上普遍存在田面平整度差、播种不匀、水浆管理粗放，常有缺苗、弱苗、死苗现象；三是长期的少免耕，易造成土壤板结、肥力差，加之直播稻的根系分布浅，使得水稻的倒伏威胁大；四是部分田块病虫草害严重。水稻中期群体大，田间通风透光能力差，有利于水稻纹枯病的发生；稻田后期稻飞虱、稻纵卷叶螟等的发生量比移栽稻大；杂草防治难度大，除草剂使用量高，环境污染重。

31. 水稻强化栽培体系是如何形成的？其技术特征有哪些？

水稻强化栽培体系（SRI）是 1983 年由 Henride Laulani é 倡导和发展的。Henride Laulani é 是一位法国人，于 1961 年来到马达加斯加，传播知识，帮助当地农民提高种田技能，发展当地农村经济。水稻是马达加斯加主要粮食作物，水稻产量关系到农民的经济收入。Henride Laulani é 在帮助农民改进水稻种植技术的同时，研究改进水稻生产技术。1981 年偶然发现小苗移栽的水稻植株分蘖大幅度增加，产量提高。随后，进一步结合小苗移栽和其他技术措施，如灌水、施肥、除草等开展了一系列的研究。1983 年提出了水稻强化栽培技术。在马达加斯加发现，采用 SRI 方法，任何品种的产量至少可增加一倍，甚至更高。曾有报道，该国有一位农民第 6 年运用 SRI，已经非常熟练地掌握了该项技术，施用了大量配制良好的堆肥（2.67t/亩），在 1.875 亩的土地上收获了 2 740kg 的稻谷。由于其突出的增产效果，该技术体系引起国际上水稻栽培界的广泛关注。

水稻强化栽培技术主要有 5 个特征：

一是小苗移栽。采用秧龄 8～12 天，叶龄约 2～3 个的秧苗移栽。水稻带土拔秧后要求尽快移栽，移栽时让根系摆直，提高低节位分蘖发生率，发挥水稻的分蘖优势。

二是正方形单本稀植。大多数主季移栽规格 30cm×30cm，副季 25cm×25cm，也有的采用 40cm×40cm、50cm×50cm 的移栽规格。因秧龄短、苗小，因此以浅栽为主。

三是干湿灌溉。要求夜灌和日排，每次灌少量水，保持土壤通气性。

四是中耕通气除草。由于实施干湿交替灌溉，使稻田中耕成为可能，中耕在早期进行，一般在移栽后 10 天开始，时间 3～4 天。其目的是除草和通气。改善根系生长发育的环境条件。

五是使用有机肥。马达加斯加传统的水稻栽培技术施肥很少，改良的水稻栽培技术推荐大量使用化肥，而 SRI 推荐使用有机肥，少施或不施化肥。其目的是改良土壤结构，促进根系生长，实现稻作可持续性发展。

32. 水稻品种选用应注意哪些事项？

用作生产的水稻品种应首先保证：种子纯度、发芽率、净度、水分指标必须达到国家标准；农艺性状稳定，生产整齐一致；稻米品质优良，能符合市场需求；高产稳产，抗逆性较强；适应性广，能在较大区域范围内推广应用。

在水稻生产上，具体选择品种时应注意以下几点：①应是通过品种审定定名（或认定）、并适宜在本地区种植的品种。②根据具体生产中的个性化目标，突出解决水稻高产高效生产的关键问题进行选择，总的要求是做到高产、优质、多抗三个方面的相互协调。③要与作物茬口相配套，并考虑具体种植方式进行品种选择。前茬作物成熟早或采用育苗移栽方式种植水稻的，可选用生育期略长的品种；若前茬作物成熟迟或是采用直播方式种植水稻的，则应选用生育期较短的品种。

33. 如何做好水稻种子的发芽试验？

由于水稻种子在穗上着生的部位、收获时期、收获的方法、贮藏条件等因素的影响，其生活力往往有很大的差异，为确保播后全苗，在播种前必须测定发芽率和发芽势。通过测定的发芽率，可知道种子有多少能发芽，以决定其能否做种和播种多少；通过测定的发芽势，可知道种子发芽的快慢和整齐度，这在实际生产上都具有实用意义。

简易的试验方法：在盘子、碗等器皿里铺上滤纸或吸水纸、砂子、纱布等，用水湿润。从种子堆的上、中、下层，以及里层、外层随机取样，充分混匀后取3份各100粒种子，分别放入上述器皿中，然后将温度在25～30℃的环境条件下催芽，有条件的可放用恒温箱，不具备恒温箱条件的可放在暖室（处）。

发芽率的计算：发芽率（%）＝（全部发芽的种子数÷供试种子数）×100。

发芽势的计算：发芽势（%）＝（在规定天数内发芽的种子数÷供试种子数）×100。在30℃左右的温度下，一般是3～4天计算发芽势，6～7天计算发芽率。

34. 播种前水稻种子需要经过哪些处理？如何进行稻种催芽？

水稻种子处理主要有晒种、选种、浸种与消毒、催芽等。晒种能够促进种子后熟和提高酶的活性，增加种皮的透性，增强吸水性，从而提高种子的发芽率和发芽势，并有一定的杀菌作用。选种，可以剔除混在种子中的草籽、杂质、虫瘿和病粒等，提高种子质量。精选后的种子，播种前要浸种。这是因为种子从休眠状态转向萌芽状态，需要足够的水分、适当的温度和充足的空气，而吸足水分是种子萌动的第一步。一般种子吸水达到种子自重的25%时，缓慢萌发但不整齐，只有吸水达自重的40%（达饱和的吸水量）时，才能顺利发芽。吸足水分的外部特征是：谷壳透明，米粒腹白可见，胚部膨大突起，胚乳变软、手碾成粉，米粒容易折断而无响声。

稻种催芽就是根据种子发芽过程中对温度、水分和氧气的要求，利用人为措施，创造良好的发芽条件，将种子催成粉嘴谷（即谷种刚露白）或芽谷。催芽可以防止因田间发芽时水分不足及不良气候造成的烂种烂芽现象，提高成秧率。大多数的育秧方式都需要在播种前对种子进行催芽。在气温较高下播种的多不催芽，旱育秧也有不催芽的。催芽的主要技术要求是"快、齐、匀、壮"。"快"是指 2 天内催好芽；"齐"是指要求发芽势达85％以上；"匀"是指芽长整齐一致；"壮"是指幼芽粗壮，根、芽长比例适当，颜色鲜白，气味清香，无酒味。

根据种子生长萌发的主要过程和特点，催芽可以分为高温破胸、适温长芽和摊晾炼芽三个阶段。①高温破胸。稻谷种胚突破谷壳露出，称为破胸。种子吸足水分后，适宜的温度是破胸快而整齐的主要条件，在 38℃ 的温度上限内，温度越高，种子的生理活动越旺盛，破胸也越迅速而整齐；反之，则破胸越慢，且不整齐。一般上堆后的稻谷在自身温度上升后要掌握谷堆上下内外温度一致，必要时进行翻拌，使稻种间受热均匀，促进破胸整齐迅速。②适温长芽。自稻种破胸至幼芽伸长达到播种的要求时为催芽阶段。不同播种和育秧方式对幼芽的要求不同，例如：双膜手播育秧催芽标准是根长达稻谷的1/3、芽长为稻谷的1/5～1/4；机械水直播催芽标准是根长达稻谷的1/2、芽长为稻谷长度的1/3；旱育秧催芽到90％种子破胸露白；湿润育秧芽长不宜超过粒谷的1/2。"湿长芽，干长根"，控制根芽长度主要是通过调节稻谷水分来实现，同时要及时调节谷堆温度，使催芽阶段的温度保持在 25～30℃，以保证根、芽协调生长，根芽粗壮。③摊晾炼芽。为了增强芽谷播种后对外界环境的适应能力，提高播种均匀度，催芽后还应摊晾炼芽。一般在谷芽催好后，置室内摊晾 4 ~ 6h，且种子水份适宜不粘手即可播种。

35. 直播稻如何整地? 直播稻的播种形式有哪些?

直播稻整地方法有旱整地和水整地两种。①旱整地是在旱田状态下进行耕、耙、耖等作业，它对土壤水分有一定的要求，在田间最大持水量的 40% ~ 45% 时耕作整地最适宜，太干太湿均不适宜耕作，也不便于整平田面。旱整地适宜于旱直播。②水整地是在淹水状态下进行耕、耙、耖等作业，它不受土壤水分限制，保持 3 ~ 5cm 水层就可以耕作，整地质量好，而且可以减少渗漏。水整地适用于水直播。近年来也有用旱整水平的方法整地，即先旱整地后再灌水平整田面，把水整与旱整地的优点结合起来，田面既能达到松软平整的要求，又提高了土壤的通透性。

直播稻的播种形式有撒播和条播等。撒播通常采用人工撒播，而条播则多为机械条播。撒播可使种子分散，秧苗前期生长良好，但后期通光透光性较差，撒播时要求播种尽量均匀。人工撒播时，一般将种子分成两份，一份进行纵向撒播，另一份进行横向撒播。条播便于中耕除草，群体的通风透光性好，抗倒伏能力强，产量高，通常播种行距 40cm（包括播幅 10 ~ 20cm），一次播种 8 ~ 13 行。机械条播在选择好适宜的机型

（可选用2BD－185/6带式精量直播机）基础上，播前做好机械调试，重点做好机械维护保养和适宜的播种量调节。

36. 水稻旱直播和水直播的主要区别有哪些？

旱直播是在旱田状态下整地与播种，种子播入1~1.5cm左右的浅土层中，播种后再灌水，种子在稳定的浅水层下长芽、长根，出芽后再排水落干，促进扎根立苗。实践表明，旱直播对整地要求不高，能抢季节提早播种，且出苗率好，但易受天气影响，一旦下雨便无法实施。旱直播要坚持按畦称种，提高播种的均匀度。其播种程序：在冬闲田或麦茬田板茬上用除草剂（如克无踪等）进行化学除草以杀灭老草→底施肥料→浅旋灭茬→清沟→播种→盖籽机盖种。

水直播是土壤经过水耕或者干耕，灌水整平后播种。水直播可以不受天气变化，但是常常采用耕翻后上水，进行多次整平，这样容易造成土壤糊烂，土壤物理性状恶化，影响种子出苗，生产上要求沉实一天后进行播种。水直播的播种程序：耕翻→底施肥料→整平→沉实（1天）→播种，或底施肥料→旋耕灭茬、整平→沉实（1天）→播种。

37. 直播稻如何进行肥水管理？

直播稻亩产600~650kg水平下，每亩施纯氮肥（N）16~20kg、磷肥（P_2O_5）5~6kg、钾肥（K_2O）5~6kg。氮肥

运筹上，30%～40%作基肥施用，25%～30%作分蘖肥，35%～40%作穗肥施用；磷肥全部作基肥施用；钾肥的50%～70%作基肥，30%～50%作促花肥。①基肥施用。基肥尽量多施有机肥，并做到有机肥和无机肥相结合，一般每亩施有机肥1 000kg、碳酸氢铵25～30kg（或尿素10kg）、过磷酸钙25～30kg、氯化钾6～7kg，实行全层施肥，随施随耕翻整地。②分蘖肥施用。分别在3叶期、7～8叶期分两次作分蘖肥均衡施用。3叶期左右每亩施尿素4～5kg作促蘖肥，以促进分蘖早生快发，发挥低位蘖穗大粒多的优势；7～8叶期每亩施尿素5～7.5kg作保蘖肥，保证早生分蘖不致脱肥死亡而顺利成穗。③穗肥施用。在叶龄余数3～3.5叶和1～1.5叶时分两次施用。叶龄余数3～3.5叶每亩施用尿素10kg、氯化钾3～4kg作促花肥；叶龄余数1～1.5叶每亩施用尿素5kg作保花肥。

　　直播稻播种后需建立浅水层，以满足种子萌发出苗所需的水分，并且有保温、防鸟和防太阳暴晒等作用，通常在播种后洇一次水，过3～4天水自然落干后再上第二次水（田面表土不干不进水）。稻种出苗后适时排水晾田，促进扎根立苗。如果此时田间有水层，秧苗地上部会疯长，自身抗性降低，容易遭受病虫危害；若水少偏干，又易形成僵苗。稻种出苗后到三叶期这段时期，每3～4天洇1次水（具体间隔天数是以田面出现小裂缝时洇水为宜），田间土壤洇足水分后及时排水，沟中不能有积水。上水时间以早上8：00前或17：00后为宜，这两个时段外界气温与土壤温度比较接近，有利于秧苗生长。中午高温时段不能上水，以免高温伤苗。稻苗三叶期以后，秧苗开始从自养向异养阶段过渡，体积增大，叶片增多，新根逐渐增多并开始发生分蘖，水浆管理应从干过渡到湿。稻苗三叶期到五叶期这段时期，一般3天左右灌一次水，灌水后不立即排水，保持沟中半沟水、畦面无积水。如果田面比较干，需要保持一段时间的水层时，水层的保持时间只能在17：00后到第二天上午10：00前，否则会造成烂根、黑根，严重的会造成死苗。稻苗五叶期以后，根系增多，光合作用增强，要逐步建立水层，促进植株上下部协调生长。水深以1~1.5cm为宜，水层过深，不利于分蘖发生；水层过浅，达不到秧苗生长的水分需求。建立水层后5~7天断水1次，以利于根系生长发育，促进下扎。直播稻分蘖期及其以后的灌水，大体上与移栽稻相仿，采用浅水勤灌的方法促进分蘖。当分蘖数达到预定穗数80%时，及时进行排水搁田。由于直播稻的根系分布浅，搁田不宜过重，排水3~4天后，灌一次跑马水，直到最高苗为预定穗数的1.3~1.5倍。达到最高苗数以后，搁田程度逐渐加重，搁田的时间相对比移栽稻要长些，搁田程度比移栽稻轻些。通过多次轻搁，叶色明显褪淡，在幼穗开始分化时及时复水，随后采取与移栽稻相同的水浆管理方法。在水稻灌浆期间，要密切关注天气变化，在强降温天气来临前，及时灌水调温，减轻低温危害。

38. 如何理解旱育秧苗床的高质量培肥？ 床土为何要进行调酸和消毒？

旱育秧对苗床具有比较严格的要求，总体上必须达到"肥沃、疏松和深厚"。最适苗床要达到以下标准：pH值为

4.5～5.5；有机质含量≥3%；速效氮、磷、钾分别达到150mg/kg、20mg/kg、120mg/kg；床土厚20cm；容重为0.95g/cm^3；孔隙度75%；松软似海绵，手捏成团，落地即散；富含微生物等。要育成高标准旱秧，建立符合上述要求的苗床十分关键，因而必须实施高质量培肥。经培肥后的苗床，床土养分充足，营养成分齐全。因为在较干旱的土壤环境中，肥料的流动性小，根系吸肥速率减慢，同时苗床干旱，床土氧气充足，呈氧化状态，土壤改变了向秧苗供氮形式，不是以铵态氮直接供应，而是以硝态氮的形式供根系吸收。因此，苗床培肥时的用肥量往往是常规育秧的2倍以上，只有重视培肥，才能使床土有非常高的供肥强度，以满足旱秧生长所需的必要营养物质。旱秧苗床培肥不是越肥越好，关键是使苗床土层深厚、疏松、柔软有弹性，富含腐殖质，形成良好团粒结构，达到海绵状，所以要施用大量粗纤维有机质和家畜肥，培肥时间要早，采用干施全层施肥法，达到养分充足均衡。

水稻属于喜弱酸性作物，适宜的pH值为6～7，根系正常生长的适宜pH值为4.5～5.5。偏酸性的土壤环境有利于提高主要矿物质营养元素的有效性，有利于氧化作用、硝化作用和有益微生物的活动，对秧苗生长有利。降低土壤pH值的另一个重要作用是抑制有害病菌的活动与侵染，尤其是在育秧期温度较低的稻区，是防止旱育秧立枯病、青枯病的有效手段。所以对于pH值超过7的床土，一般都要进行调酸处理。调酸的方法较多，常用的有两种类型：一是利用硫磺粉在土壤中分解后产生的酸性物质（也可用废硫酸）来降低土壤pH值；二是肥料调酸，即结合土壤培肥，施入足量的有机肥料和一定量的生理酸性肥料，降低土壤pH值。床土消毒也能抑制土壤中的病菌生长，增强秧苗抗逆性。在调酸的同时进行床土消毒，可达到经济有效的消毒防病效果。

39. 旱育秧苗床如何播种？旱育秧苗床管理有哪些技术要点？

旱育秧苗床播种前，要准备好盖种土，一般选用苗床培肥土或与床土相同的肥沃疏松土，用直径5mm的筛子过筛，每平方米准备10~15kg，作播种后盖种用。有条件的可用麦糠代替过筛床土，因为麦糠既能保湿有利于出苗，还能隔热降温防止烧苗。旱育秧的播种顺序是：苗床浇水→播种→盖种→洒水→喷除草剂→覆薄膜→盖草。①苗床浇水。苗床在整好压平的基础上，应浇透水，使0~5cm土层水分达到饱和状态。②均匀播种。将芽谷均匀撒播在床面上，播种时按播量和面积称种，分两次均匀撒播，播后用木板轻压入土。③盖种。把预先准备好的过筛床土或麦糠均匀撒盖在床面上，盖种厚度以不见谷为度，一般盖土厚度0.5~1cm，或盖麦糠厚度1~2cm。④洒水。盖种后用喷壶喷湿盖种土或麦糠。⑤喷除草剂。盖种洒水后喷除草剂。每亩苗床用40%旱秧净或旱秧灵100ml对水50~60kg均匀喷雾，防除杂草。⑥覆盖薄膜。喷除草剂后，及时在苗床上平铺地膜保湿促齐苗。⑦盖草。遇日平均气温大于20℃时，应在地膜上加铺清洁秸草遮阳降温。盖草厚度以看不见农膜为宜，预防晴天中午高温灼伤幼芽。

旱育秧苗床管理要点如下。

播种至齐苗期：要经常检查膜上盖草，防止被风吹走，造成高温烫芽烧苗。播后 5～7 天齐苗现青时揭膜。一般晴天傍晚揭，阴天上午揭，雨天雨前揭。揭膜后应及时浇透"揭膜水"，做到边揭膜边喷一次透水，以弥补土壤水分的不足，以防死苗。如遇高温天气，可在床面上撒铺一层薄薄的秸秆或遮阳，以减少水分蒸发和烈日灼晒。

齐苗至 3 叶期：幼苗期前后对水分胁迫的忍耐性差异较大，1～2 叶期的幼苗对水分胁迫有较大的忍耐性，而 2～3 叶期的幼小苗对水分胁迫的忍耐力最差，因此，2～3 叶期是防止死苗、提高成苗率的关键时期，要注意及时补水。一叶一心时，每亩可使用 15% 多效唑可湿性粉剂 120～180g 对水 30～40kg 均匀喷雾，以矮化秧苗，促进分蘖。连年使用多效唑的老苗床用量要小，小苗移栽的用量要小；育苗期间多雨的用量要大，大苗移栽的用量要大。

4 叶至移栽期：4 叶期以后是控水旱育培育壮秧的关键。即使中午叶片出现萎蔫也无需补水，但发现叶片有"卷筒"现象时，可在傍晚喷些水，但一次补水量不宜过大，喷水次数不能多。移栽前一天傍晚，浇透水。若秧苗发黄缺肥，每亩用 3～5kg 尿素配成 1%～2% 尿素液泼浇。必须注意，苗床不能施用易挥发性的肥料，也不能直接撒施（以防因浓度过高而灼伤叶片或烧苗）。浇肥液与浇水一样，要在傍晚追肥，最好与补水同时进行。追肥次数、用肥量和用水量要严格控制，以防削弱旱育秧苗的生理优势。视苗期病虫害发生情况及时进行防治。起秧前 3 天进行药肥混喷。

40. 旱育秧为何要扩行稀植？怎样进行大田的株行距配置？

旱育秧采用扩行稀植，通过行距扩大，能较好地发挥旱秧根深、根毛多、白根比例高，以及移栽后缓苗期短和发根快、分蘖早的优势，可以有效地降低高峰苗数，提高分蘖成穗率，促进水稻个体健壮发育，解决多穗与大穗的矛盾。有试验表明，在基本苗相近的情况下，扩大行距，在获得相近穗数时，有利于提高每穗粒数而获得较高产量。行株距配置要根据土壤肥力、生产条件、品种株高和产量水平而调整。

在株行距配置时，一般产量高的，行距要大，产量低的，行距要小。对于常规粳稻品种，株高 110cm，株距 12cm，行距 28~30cm；株高 95~100cm，株距 12cm，行距 24~25cm；株高 80~90cm，株距 12cm，行距 21~23cm。通常情况下，每穴 2~3 苗，降低每穴茎蘖苗，可减少一穴中个体的竞争消耗。

41. 塑盘育秧如何提高播种质量？

通常选用的塑盘规格是：长（605±5）mm、宽（335±5）mm，每盘有 561 个育秧孔，秧孔孔面直径（18~19）mm，孔底直径（10~11）mm，孔深 17mm。每亩大田需秧盘 50~55 张。塑盘育秧应把握以下环节，以提高播种质量。

一是确定播种量。塑盘湿润育秧时，用种量以移栽前不出现死蘖现象为度，一般小、中苗（5 叶内）的播种量为每盘 50 ~ 60g（常规稻）或 35 ~ 40g（杂交稻）。塑盘旱育秧的播量可适当增加。对于迟抛的长秧龄大苗，应减少播量，一般常规稻每孔播 2 ~ 3 粒、杂交稻每孔播 1 ~ 2 粒，避免因长秧龄而影响秧苗素质，同时结合控水旱育、化控等措施控制苗高，促使秧苗矮壮。

二是铺盘装泥。①湿润育秧。摆盘时，应相互紧贴，不留缝隙，以减少种子和营养土损失，防止秧田杂草从缝隙处长出而影响秧苗生长。秧盘摆好后，用秧板沟泥或河泥装填于塑盘中，用扫帚扫平并清除盘面烂泥，以免出现秧苗串根现象而影响抛栽效果。待孔穴中泥浆沉实后再播种，这样可以防止种谷下沉闷芽。播种要均匀，播后用扫帚蘸泥浆水轻轻塌谷。若用肥力低的泥土，应加适量的肥料；泥土过于干燥的需在装盘前适量加水使其潮湿适度，以免播后浇水泥土发胀满出秧孔。②旱床育秧。秧盘摆放后，将准备好的专用营养土或肥沃细土装填盘孔中，先装至塑盘孔高的 2/3 处，播种后再装填余下 1/3 高度的营养土或细土。扫净盘面泥土，洒足水分。

三是播后覆盖。播种后在盘面施杀虫剂和除草剂，防止秧田害虫和杂草。低温条件下育苗时，采用地膜平铺或低架覆盖保温育秧。若是地膜平铺，播种后在秧盘上撒些砻糠灰或盖上少量切碎的鲜草作隔离层，防止"贴膏药"闷芽。要严格做好地膜秧的管理，根据气温变化及时通风，防止高温烧苗。晴暖天气通风前要先灌跑马水，全畦揭膜要先灌浅水，在上午 8：00 ~ 9：00 膜内外温差较小时通风或揭膜，防止秧苗失水青枯。高温条件下育苗时，要防止高温烫芽和雷阵雨将芽谷冲出秧孔外，播种后覆盖麦秆或遮阳网 3 天左右降温保湿，于出苗后去掉，也可用油菜籽壳覆盖，至秧苗 2 叶期灌一次深水，将菜籽壳浮起捞出。育秧初期要注意防止鼠、雀为害。

42. 塑盘育秧中的湿润管理和旱育管理的技术要点有何区别？

塑盘湿润育秧的苗床管理与常规湿润育秧基本一致。在现青扎根期主要注意排灌技术，一般晴天灌满沟水，齐秧板而不漫上板面，让沟里的水自然渗透全板；阴天可灌半沟水；雨天要排干沟水；暴雨时灌深水防止冲散谷种，雨后立即排干。现青扎根至 3 叶期秧田的管理主要是促进不完全叶节不定根的萌发，为培育壮苗打下基础，薄水间隙灌溉，保持湿润状态，此期要注意施好断奶肥，一般每亩用尿素 5.0kg，于傍晚露雨未上来前撒施，施肥后再用少量清水喷洒，以防肥害。3 叶期后以湿润为主，注意控水，即便灌溉也应随灌随排，并施好送嫁肥。移栽前及时用药，做到带药下田。在苗床的水浆管理上，应避免灌水或雨水淹浸床面造成的秧苗串根。

塑盘旱床育秧的苗床管理技术与旱育秧技术相同，抛秧前 2~3 天施一次"动身肥"，并在抛秧前 1 天晚上浇一次水，以利于抛秧后立苗、返青。

为促使秧苗矮壮，减少抛栽时倒苗比例，可在秧苗 1 叶 1 心期喷施多效唑，一般每亩秧田喷施 200~300mg/kg 的药液 50kg，需注意喷药均匀。

43. 抛秧稻的大田整地有什么要求？
如何保证抛栽质量？

抛秧稻整地要达到以下要求：①田面要求平整。整块田高低差异应控制在 3cm 以内。若田面不平，抛栽前撤水后，高处土壤水分少，秧苗往往因缺水而加重植伤，甚至被晒死；而低洼处积水超过适宜的水深，易导致秧苗横卧水上，遇风漂移，不利于立苗。②大田水层要浅。耙糖时田水浅，不但易于整平，而且对于沙性土还可趁耙后田面烂糊时抛栽。通常抛秧时水深控制在 0～2cm 为最好。③耙平后有糊泥。田面土壤糊烂，抛栽秧苗入土较深，直立苗比例高，立苗快；反之如果田面土壤偏硬，秧苗根系不易入土或入土太浅，导致较多根系及分蘖节裸露在地面，直立苗比例低，立苗慢，后期易发生根倒伏。④田面要求干净。杂物要除净，浮物要捞走，田面无残渣、无瓦砾、无僵垡等杂物，以利于秧苗入土、根系及时下扎，减少漂浮秧。⑤水深要适宜。抛秧时要求水深 2～3cm，低处水深不过寸、高处水浅不现泥，田面表层有泥浆。

为保证抛栽质量，抛秧时要求以龄定苗，以苗定盘，通常每亩抛栽 50～55 盘（按 90% 的成苗穴率计算），基本苗 6 万～8 万，密度 1.8 万～2 万穴。为有利于秧苗抛后缓苗活棵，要求晴天在下午抛，阴天、小雨全天抛，大风大雨暂备用不抛。目前大面积生产上以人工抛秧为主，间或有用机械抛秧的情况。人工抛秧时，人在人行道上操作，一手提秧筐，一手抓秧抛。或直接将秧盘搭在一只胳膊上，抓起一把秧苗，抖动几下，使秧苗的根部相互分开，然后采取抛物线方位用力向空中抛3～4m，以土坨入土深度达1～2cm为佳，如果秧苗入土浅，平躺苗多，则应增加抛散高度。抛秧时，一次抓秧不可过多或过少，以免抛散不匀，注意先抛远后抛近，先稀后密。遇风时，多采用顶风抛秧。大的田块先站在田埂上抛四周，然后下田抛中间；中小田块在田埂上直接抛。先抛70%～80%秧苗，要尽量抛远、抛高，使秧苗尽可能散开，根球基本入土。然后每隔3～4m，清出一条宽30～35cm的空幅道，留作挖搁田沟或管理作业行。沿走道下田，将剩余的20%～30%秧苗抛到稀的地方，与疏散堆子苗相结合做好匀密、补稀，确保抛秧田没有0.1m² 的无苗空白。

44. 如何理解机插稻要强调培育适龄壮秧? 机插稻的壮秧标准是什么?

机插稻是在规定规格的秧盘中进行育秧，播种密度极大，秧苗生长完全处于密生生态条件下，秧苗根系集中在厚度仅为2～2.5cm的薄土层中交织生长，苗间竞争加剧，秧苗小而素质趋弱，抗逆性较弱。试验表明，一般超过4叶，秧龄越大，秧苗素质越差，尤其是成苗率和单位面积上的成苗数急剧下降。秧苗素质的变差，严重影响机插质量和效果，造成大量的缺穴漏插现象，直接导致群体最终穗数的不足。当秧龄超过25天以后，群体单位面积有效穗数较20天秧龄的显著减少，产量显著降低。尤其是常规粳稻，通常播种密度较大，随着秧龄的延长，减产的幅度更大。因而，培育适龄壮秧是实现机插稻高产高效前提条件和重要措施，生产上必须根据茬口安排，按照 15～20 天适龄移栽推算播期，宁可田等秧，不可秧等田。机插面积较大时，要根据插秧机工作效率和机手技术熟练程度，安排好插秧进度，合理分批浸种，顺次播种，确保每批次播种均能适龄移栽。

机插稻的壮秧标准：秧龄 15～20 天，叶龄 3～4 叶，苗基部茎宽 2～2.5mm，单株白根数 10 条以上，地上百株干重 2.5～3.5mg，秧苗最佳高度为 12～15cm，适宜高度为 10～20cm，每平方厘米成苗 1.5～3 株，苗挺叶绿，基部粗扁有弹性，秧苗整齐，无病虫危害。根部盘结牢固，秧块提起后不散落，盘根带土厚度 2.0～2.5cm，厚薄一致，形如毯状。

45. 机械化盘育秧播种和叠盘暗化催芽如何操作?

机械化流水线播种，一次性完成上底土、喷水、播种、盖籽等多道工序，实现盘土量适宜平整、播量准确均匀、覆土盖种均匀全面，保证秧苗出苗整齐、生长均匀、苗质粗壮。机械流水线播种在播前基质要过筛，盘内填装营养土的厚度控制在 2.0～2.5cm。种子浸种催芽后捞出要摊开，沥干水分，至稻种无明显水迹，抓在手上放开后稻种能自然撒落不粘手时再播种，否则影响机播质量。播前还要调试好机械，控制好播种量、底土厚度、喷水量及盖籽土厚度等再播种。调节喷水量至盘土水分充分饱和，但土表无积水层。常规粳稻播量每盘干谷 100～120g、芽谷 150～170g，相当于每平方厘米播 3.0～3.5

粒；杂交粳稻播量每盘干谷 80 ~ 90g、芽谷 110 ~ 125g，相当于每平方厘米播 1.5 ~ 2.0 粒。播种后覆盖素土 3 ~ 5mm，如有露粒应人工补土覆盖。

叠盘暗化催芽是在播种作业全部结束后，叠盘于室内暗化出苗，通常以 40 张左右盘堆为一堆，堆与堆之间留 10cm 左右间距以便通风和起运操作，顶部放一只有土、无种盘封顶，秧盘的排放务必做到垂直、整齐，盘堆大小适中。堆放完毕后，顶部和四周用黑色农膜封闭，不可有漏缝和漏洞，做到保温保湿不见光，防止盘间温湿度不一致，影响齐苗。在江苏沿江及其苏南等地，两熟田育秧暗化室一般不必加温，待 80% 芽苗露出土面 1.0 ~ 1.5cm，暗化结束，即摆盘入田绿化。

46. 机插稻的大田整地有什么要求？如何保证机插质量？

机插秧的秧龄弹性小，大田耕整必须抢早进行，宁可田等秧，不可秧等田。机插秧采用小苗移栽，对大田耕整质量的要求相对较高。一般来讲，大田耕翻深度掌握在 15 ~ 20cm。要求田面平整，田块内高低落差不大于 3cm，要清除田面过量残物，做到泥土上细下粗，细而不糊，上软下实。为防止壅泥，水田平整后沉实，沙质土要沉实 1 天左右，壤土要沉实 2 天左右，黏土要沉实 3 天左右。待泥浆沉淀、表土软硬适中、作业不陷机时后移栽，达到泥水分清、沉淀不板结、水清不浑浊。

为保证机插质量，生产上应把握以下技术要点。

一是适时栽插。适宜机插的秧龄掌握在 15 ~ 20 天，叶龄

3～4叶。防止超龄移栽。

二是正确起运。由于机插的秧苗既小又嫩，因此，在起秧的过程中要防止萎蔫，防止秧苗折断。秧盘育秧方式起秧时，先慢慢拉断穿过盘底渗水孔的少量根系，连盘带秧一并提起，再平放，然后小心卷苗脱盘。要尽量减少秧苗搬动次数，保持秧块不变形。运秧时秧块要平放，堆放层数不宜过多，一般2～3层为宜，也可卷叠运输。秧苗运至田头时应随即卸下平放，使秧苗自然舒展。做到随起随运随插。起运过程中，如果遇到烈日高温，要采取遮阴措施防止秧苗失水枯萎；如果遇有下雨天气需要用设施遮盖，防止秧块过烂而影响机插质量。

三是合理密植。插秧前须对插秧机作一次全面检查调试，以确保插秧机能够正常工作。特别是要根据秧苗的密度，调节确定适宜的穴距与取秧量，以保证每亩大田适宜的基本苗。根据所用品种和栽培要求确定每亩穴数和每穴苗数。生育期长的、早栽的、分蘖力强的大穗型品种（特别是杂交稻组合），栽插密度以亩栽1.5万～1.7万穴、每穴2苗左右为宜；一般穗数型或穗粒兼顾型品种栽插密度宜每亩1.7万～1.9万穴、每穴3苗左右。中等地力和施肥水平的田块，常规粳稻基本苗6万～8万/亩，杂交稻3万～4万/亩。机插秧的行距30cm，株距可按需要进行调整，栽植穴苗数可调节秧爪取秧面积来调节。插秧株距的调整方法：步行插秧机的插秧株距调整手柄位于插秧机齿轮箱右侧，推拉手柄有3个位置，标有"90、80、70"字样。"70"位置，密度最稀，株距为14.6cm，每亩密度为1.4万穴；"80"位置，株距为13.1cm，每亩密度1.6万穴；"90"位置，株距为11.7cm，每亩密度1.8万穴。

四是薄水浅插。田间水深要适宜，水层太深易导致漂秧、倒秧，水层太浅易导致伤秧、空插。一般水层深度保持 1～2cm，利于清洗秧爪、又不漂不倒不空插，可降低漏穴率，保证足够苗数。栽插深度直接影响活棵与分蘖。栽插过深，活棵慢，分蘖发生推迟，分蘖节位升高，地下节间伸长，群体穗数严重不足。栽插深度 1.5～2cm，以入泥为宜，不漂不倒。做到清水淀板，薄水浅栽，确保直行、足苗。栽插结束后如出现缺苗、断垄、漂秧、浮秧，要进行人工补缺，并及时上水 3～4cm，促进返青活棵。

47. 水稻如何进行肥料的精确定量施用？

根据斯坦福的差值法公式计算施氮量：施氮总量（kg/亩）=（目标产量需氮量－土壤供氮量）/氮肥当季利用率。单季粳稻亩产 600～700kg 的百公斤稻谷需氮量为 1.9～2.0kg，基础产量 300～400kg 的地力水平的每百公斤稻谷的需氮量为 1.5～1.6kg，氮素当季利用率为 42.5%（40%～45%）。氮肥运筹，大、中、小苗高产栽培的基蘖肥与穗肥比例分别为 4∶6、5∶5、6∶4。对秸秆全量还田的前期可适当增施速效氮肥，调节碳、氮比至（20～25）∶1，基蘖肥比例提高 10%，后期适当减施氮肥。对有机肥用量大的田块，要根据有机肥施用情况酌情调减化学氮肥用量。穗肥在中期叶色褪淡后于倒 4（促花肥）、倒 2 叶（保花）施入。磷、钾肥用量按当地测土配方施肥比例而定；磷肥基施，钾肥 50% 作基肥，50% 作穗肥（促花肥）。

48. 如何有效地施用好水稻的
基肥、分蘖期肥和穗肥?

　　水稻栽插前施用的肥料称为基肥,通常也称底肥。基肥的施用要强调"以有机肥为主,有机肥和无机肥相结合,氮、磷、钾配合"的原则。基肥的用量和比例,应根据土壤肥力、土壤种类、施肥水平、品种生育期和移栽秧龄而定。土壤肥力低的,基肥用量和比例可适当增加;土壤肥力高的则适当减少。土壤深厚的黏性土,保肥力强,用量和比例适当增加;而土壤浅薄的沙性土,保肥力差,用量和比例适当减少。施肥水平高的,用量和比例适当增加;反之则适当减少。品种生育期长,移栽秧苗叶龄小,施肥要多些;而品种生育期短,移栽秧苗叶龄大,施肥要小些。通常绿肥茬、油菜茬等地力较肥的田块,可少施基肥;反之,地力较贫瘠的田块可多施基肥。基肥占总施肥量的比重为 40%~60%。如果土壤的蓄肥力差,基肥用量又少,可采用浅层施肥法,将肥料施在根系最密集的部位,以利于根系吸收。移栽时天气温度低,需用少量速效肥料做面肥。

　　分蘖肥是秧苗返青后追施的肥料,其作用是促进分蘖的发生。分蘖肥一般应在返青后及时施用,以速效氮肥为主,促使水稻分蘖早生快发,为足穗、大穗打下基础。但肥料施用不宜过早,因为水稻栽插后有一个植伤期,植伤期间根系吸收能力弱,肥效不能发挥,同时还会对根系的发育产生抑制作用,反而会推迟分蘖的发生。分蘖肥的施用原则是使肥效与最适分蘖发生期同步，促进有效分蘖，确保形成适宜穗数；控制无效分蘖，利于形成大穗，还能提高肥料利用率。因此，分蘖肥应注意抢晴天施、浅水施，或是采用其他方法做到化肥深施。具体的施肥数量应根据土壤肥力、基肥多少和有效分蘖期的长度、苗情长势等确定。一般土壤肥力高、基肥足、稻苗长势旺的可适当少施；反之则应适当多施。有效分蘖期短的，一般在施基肥的基础上，返青后一次性亩施尿素 10～15kg；而有效分蘖期长的，在第一次施有分蘖肥的基础上，还要根据苗情每亩再补施尿素 6.5～9kg。

从幼穗开始分化到抽穗前施的追肥统称穗肥。合理施用穗肥既有利于巩固穗数，形成较多的总颖花数，又能强"源"、畅"流"，形成较高粒叶比，提高结实率和千粒重。水稻高产优质栽培中，普遍重视穗肥施用，穗肥用量一般占总氮量的 35%～40%，高产田块可以达到 50%。穗肥因其施用时期不同，作用也不同。在幼穗分化开始时施用的，其作用主要是促进稻穗枝梗和颖花分化，增加每穗颖花数，称为促花肥。通常在叶龄余数 3.5 叶左右施用，一般每亩施尿素 9～15kg，并配合施用钾肥，或是施用含有氮钾元素的复合肥，以促进养分运输。具体施用时间和用量要因苗情而定，如果叶色较深不褪淡，可推迟并减少施肥量；反之，如果叶色明显较淡的，可提前 3～5 天施用，并适当增加用量。在开始孕穗时施的穗肥，其作用主要是减少颖花的退化，提高结实率，称为保花肥。通常在叶龄余数 1.5～1.2 叶时施用，一般每亩施尿素 4～7kg。对于叶色浅、群体生长量小的，可多施；对叶色较深者，则少施或不施。

49. 如何理解水稻的节水灌溉？高产优质
水稻怎样进行大田期水浆管理？

　　水稻需水包括水稻生理需水和生态需水。生理需水是供给水稻本身生长发育和进行正常生理活动需要的水分，生态需水是指利用水作为生态因子，营造一个水稻优质高产栽培所必需的体外环境而需要的水。就水稻生长发育本身而言，水稻不需要太多的水，并不比小麦等旱作物用水量大多少，只是在水稻孕穗及灌浆关键时期不能缺水，注意此时满足水分供给就行了，可见对水稻进行节水栽培是完全可行的。水稻的节水灌溉的主要优势有：一是能使水稻获得必要的水分，群体协调生长，形成高产株型，充分发挥水稻高产潜力的优势；二是能够增加土壤速效养分释放，促进有机质分解，为水稻生长发育提供良好的营养条件；三是能抑制氮素营养的过量吸收，控制无效分蘖，提高稻株碳氮比，促进生育转化，促使结实良好、活秆成熟；四是改善土壤环境，提高土壤通气供氧能力，排除有毒物质危害，防止烂根并促进根系发育，增加碳氮比，使稻的茎秆组织充实坚硬而不易倒伏；五是能够调控稻田温度，促进生长，增大生育后期的温差，促进灌浆结实。水稻节水灌溉的途径主要有工程节水（防渗渠灌溉）和栽培节水（调节土壤水分合理供给）等。目前，生产采用的栽培节水方式有：秧苗旱育技术，浅—湿—晒—浅、湿灌溉技术，间歇灌溉技术，浅—湿灌溉技术，浅—旱—湿灌溉技术，水稻旱作无水层灌溉技术，等等。

　　高产优质水稻按活棵返青期、有效分蘖期、控制无效分蘖期、长穗期和抽穗结实期5个时期实施水浆管理。①活棵返青期采取2~3cm水层与间隙露田通气相结合，特别是秸秆还田条件下，在栽后2个叶龄期内应有2~3次露田。其中：水稻机插小苗移栽后一般宜湿润灌溉。②移栽后长出第2张叶片后，应结合施分蘖肥建立2~3cm浅水层。③当全田茎蘖数达到预期穗数80%左右时及早自然断水搁田，直至拔节期通过2~3次轻搁，使土壤沉实不陷脚，叶片挺起，叶色显黄。④拔节后的整个长穗期实施浅水层间歇灌溉，以促进根系增长，控制基部节间长度和株高，使株型挺拔、抗倒，改善受光姿态。具体的灌溉方法：保持田间经常处于无水层状态，即灌一次2~3cm深的水，自然落干后不立即灌第二次水，而是让稻田土壤露出水面透气，待2~3天后再灌2~3cm深的水，如此周而复始，形成浅水层与湿润交替的灌溉方式。剑叶露出以后，正是花粉母细胞减数分裂后期，此时田间应建立水层，并保持到抽穗前2~3天，然后再排水轻搁田，促使破口期"落黄"，以增加稻株的淀粉积累，促使抽穗整齐。⑤开花结实期实施湿润灌溉，保持植株较多的活根数及绿叶数，植株活熟到老，提高结实率与粒重。如果抽穗开花期间，当日最高温度达到35℃时，就会影响稻花的授粉和受精，降低结实率和粒重。若抽穗开花期遇上寒露风，也会使空粒增多，粒重降低。为抵御高温干旱或是低温等伤害，应适当加深灌溉水层（水层可加深到4~5cm），有条件的可采用喷灌。

50. 麦秸机械旋耕还田对水稻生长有何影响？其栽培调控的技术环节有哪些？

　　麦秸机械旋耕还田后，在水稻生长前期，土壤微生物迅速增加。由于微生物分解秸秆过程中，同化土壤碳素和吸收速效氮素，以合成细胞体，使土壤氮供应量有所下降，从而影响水稻前期的生长发育，因此，水稻前期生长量相对较小，表现为前期生长受抑制，发苗慢。而到抽穗期，秸秆分解由吸氮转化为释氮，土壤供肥强度增大，群体质量得到了全面优化，源库关系得到充分协调。秸秆还田能有效改善土壤理化结构，明显提高土壤氮和有机质含量，尤其提高了土壤的供钾水平和作物的吸钾能力；由于土壤团聚体的形成，增强了土壤的通透性，减少了还原性物质的积累，植株生长旺盛，促进碳水化合物向根系的运转，使得根系发达，根系活力明显增加。

　　麦秸机械还田要遵循"机械收割→充分切碎→人工匀草→施足基肥→上水泡田→旋耕灭茬（捞取浮草）→正常栽（抛）"等作业流程。针对麦秸还田后水稻生长发育特点，其高产栽培关键环节是促进水稻前期早发，栽培调控的技术环节有：

　　一是提高秸秆还田质量。如果还田秸秆在稻田漂浮，埋草效果差，埋草率降低，对机插秧和抛栽秧均有较大的不利影响，因而要严格遵循机械化全量还田作业流程，确保秸秆还田的埋草质量。

　　二是适当增加前期施氮量。小麦秸秆还田的草量大，而秸秆本身的碳、氮比例为 100 : 2 左右，微生物腐解秸秆所需的比例为 100 : 4 左右，秸秆在腐解为有机肥的过程中需从土壤中吸收氮等元素，形成了与秧苗争夺氮素肥料，影响水稻分蘖早发，因而要补施一定量的氮肥。一般每亩还田 400kg 秸秆时，基苗肥需增施尿素 4~5kg。根据秸秆腐解先耗氮后释氮的状况，施氮比例当前移，与秸秆不还田相比，基蘖肥施氮比例通常提高 10%，穗肥施氮比例降低 10%。根据江苏高产粳稻氮肥施用比例［基蘖肥：穗肥为（5~6）：（5~4），调整为（6~7）：（4~3）］，促前保后，优化水稻群体质量。

三是优化水浆管理。麦秸还田后有个腐烂发酵过程，容易产生有毒物质如硫化氢、甲烷等，危害根系，造成根系发黄发黑，抑制稻苗新根发生和吸收功能，造成水稻僵苗。因而，生产上以加速秸秆腐烂、通气增氧、排除毒素和沉实土壤以防控倒伏为目标，优化稻田水浆管理。

四、小麦基础知识

51. 我国小麦有哪几种类型？我国小麦的
栽培分区是怎样的？

从分类学角度观察，小麦属于禾本科，小麦族，小麦属。世界小麦属已定名的种有20余个，在我国栽培的只有6个种，即普通小麦、硬粒小麦、圆锥小麦、密穗小麦、东方小麦和波兰小麦。目前，生产中应用面积最大的是普遍小麦。

普通小麦：普通小麦又叫软粒小麦，是我国分布最广、经济价值最高的一个种，其根系发达，入土较深，分蘖力强，穗状花序，每小穗有3~9朵花，一般结实2~5粒，全穗结实可达20~50粒；

硬粒小麦：硬粒小麦的植株较高，茎秆上部充实有髓，穗大，芒长（一般在10cm以上），籽粒多为长椭圆形，角质透明，千粒重较高，不易落粒。抗条锈病、叶锈病和黑穗病能力较强，在我国生产上均为春播型；

圆锥小麦：圆锥小麦一般植株高大，抽穗前植株呈蓝绿色，茎秆上部充实有髓，穗大而厚，有分枝和不分枝两种类型。籽粒较大，顶端呈截断状，粉质。一般晚熟，春性强，抗寒能力弱，抗条锈病能力强；

密穗小麦：密穗小麦的茎秆矮而粗壮，不易倒伏。穗呈棍棒或橄榄状，侧面宽于正面，小穗排列紧密，与穗轴呈直角着生；

东方小麦：此类小麦的形态和生态上与硬粒小麦相似，但其小穗较长而排列较稀。每小穗3~5花，结实3~4粒。护颖和内外稃长形。植株较高，穗轴坚韧不易折断。籽粒长形，较大。春性或弱冬性，抗寒性和抗旱性较弱；

波兰小麦：波兰小麦的茎秆高大，茎秆上部充实有髓。幼苗直立，分蘖较少，叶片长而披垂。小穗排列松散，穗轴坚韧。小穗基部具明显的颖托，颖壳（稃）多为白色。籽粒长形，较大，硬质，蛋白质含量较高。春性强。

由于我国各地自然条件、种植制度等的不同，小麦的分布形成明显的自然区域。大体上，可分为3个大区10个亚区。一是冬麦区。包括5个亚区，即北方冬麦区、黄淮平原冬麦区、长江中下游冬麦区、西南冬麦区和华南冬麦区。二是春麦区。包括3个亚区，即东北春麦区、北方春麦区和西北春麦区。三是春冬麦兼作区。包括2个亚区，即新疆春冬麦区、青藏高原春冬麦区。

52. 什么叫强筋小麦、中筋小麦和弱筋小麦？ 我国小麦依据其品质及用途 可分为哪几种类型？

强筋小麦是指蛋白质含量较高，面粉的筋力强，面团稳定时间较长，适合制作面包，也可用于配制中强筋力专用粉的小麦。中筋小麦是指蛋白质含量中等，面粉的筋力适中，面团稳定时间中等，适合制作面条、馒头等食品的小麦。弱筋小麦是指蛋白质含量较低，面粉的筋力较弱，面团稳定时间较短，适合制作饼干、糕点等食品的小麦。

我国麦制品类型众多，主体消费类型与国外也明显不同，结合目前面粉和食品加工中配麦（粉）的需求，参考国标优质小麦品质指标，可将我国目前小麦品质依其用途分为五种类型。

一是强筋小麦。相当于国标中的一等强筋小麦。籽粒硬质，蛋白质含量高，面筋强度强，延伸性好。主要用于磨制加工优质面包和优质面条的强力粉。在我国，这类小麦更多用于搭配生产优质面条、饺子等专用粉。

二是准强筋小麦。相当于国标中的二等强筋小麦，主要用作（或搭配磨制）面条（方便面、挂面）和饺子专用粉。目前我国培育的强筋小麦在大面积种植的条件下，其商品麦的质量只和此类小麦的标准相当。

三是中筋小麦。籽粒硬质或半硬质，蛋白质含量和面筋强度中等，延伸性好，适于制作面条和馒头的专用粉，成品要白，由于面条和馒头属蒸煮类食品，与淀粉特性关系密切，故中筋小麦淀粉特性要好，面粉和成品的白度要高。

四是弱筋小麦。相当于国标中的优质弱筋小麦，籽粒软质，蛋白质含量和湿面筋含量低（分别＜11.5％和≤22％），面筋强度弱（要求稳定时间≤2.5min），延伸性要好，加工出的小麦粉筋力弱，适宜制作包括酥性饼干、酥饼、蛋糕和糕点等食品。

五是准弱筋小麦。籽粒以软质为主，蛋白质和湿面筋含量介于中筋小麦和弱筋小麦之间，适宜制作发酵饼干、南方刀切馒头和酿造啤酒等。

53. 什么是小麦籽粒的形态品质、营养品质和加工品质？怎样理解优质小麦？

小麦籽粒品质是一个较为复杂的综合概念，包括许多性状，一般认为有形态品质、营养品质和加工品质三部分，三者之间彼此密切相关。①形态品质。是指籽粒的外观特性，主要指标有籽粒的形状、整齐度、饱满度、粒色、胚乳质地等，与一次加工品质相类似或密切相关。②营养品质。表示小麦籽粒中含有的营养物质对人（畜）营养需要的适应性和满足程度，它包括营养成分的多少、营养成分的全面和平衡、营养成分被人（畜）吸收的难易程度以及抗营养因子和有毒物质含量等，主要指标有蛋白质、糖、脂肪、核酸、维生素和矿物质等，衡量小麦营养品质最重要的指标是蛋白质含量、蛋白质各组分含量和比例，以及蛋白质的氨基酸种类与含量。③加工品质。是指小麦籽粒对制粉、面粉对制作不同食品的适合和满足程度，它又可分为磨粉品质（或称一次加工品质）和食品加工品质（或称二次加工品质）。一次加工品质是指小麦加工成面粉的过程中，加工机具、流程和经济效益对小麦籽粒的构成和物化特性的要求，具体指标有出粉率、种皮百分率、容重、角质率、籽粒硬度、粒色、籽粒形状和腹沟深浅等，出粉率是磨粉品质的主要指标。二次加工品质是指在制作各种食品时对面粉物化特性的要求，主要指面粉及其制成品（如面包、面条、饼干、糕点等）的口感、滋味、烘焙特性和蒸炸等特性，包括面粉品质（具体指标有白度、灰分、面筋含量、沉降值）、面团品质（具体指标有吸水率、形成时间、稳定时间、断裂时间、公差指数、软化度和评价值）、烘焙品质（具体指标有面包体积、比容和面包评分）和蒸煮品质等。

小麦品质是小麦品种对某种特定最终用途和产品的适合与满足程度。由于生产、经销、加工部门与消费者对小麦品质的要求不同，使得"优质小麦"成为一个根据其用途而改变的相对概念，即越能适合于某种特定用途，或满足制造某种面食品要求的程度越好，这种小麦就可称之为适合某种特定用途，或是制造某种食品的优质小麦。例如：生产者认为，籽粒饱满、角质率高、容重高、粒色好、售价高的小麦品质好；经销部门则要求小麦籽粒洁净、大小均匀、含水量适宜、无病虫和毒素感染、无发芽、无混杂、蛋白质含量一致；面粉加工者除了上述要求外，还十分重视百克面粉的烘焙体积以及食品的外形、色泽和内部质地；消费者则要求其制品有较高的营养价值和良好的口感；而仅就食品加工而言，不同的制品又有各自不同的要求，加工面包要求其面粉蛋白质含量高且质量好、面筋强度大，加工饼干、糕点要求面粉蛋白质含量低、面筋强度小但延伸性好。可见，衡量小麦是否优质，主要取决于品种籽粒或面粉的最终用途，离开用途谈品质毫无意义，且不应把某个指标的高低作为优质小麦的唯一标准。

国内外为了使小麦面粉适应和满足多方面的用途，均采用配粉的方式，即把蛋白质含量和质量、面筋含量和质量以及其他品质性状不同的小麦品种的面粉，合理搭配成适于不同用途和制造不同面食品的"专用粉"，用单一的小麦品种满足各种专用目的或想达到某一专用粉的要求，常常是难以实现的。

54. 小麦籽粒主要品质性状指标有哪些？

生产上应用的主要品质性状指标有出粉率、容重、面粉白度、蛋白质、淀粉、面筋、沉淀值、降落值以及面团品质相关参数。

（1）出粉率：指单位重量籽粒所磨出的面粉占籽粒重量的百分比。出粉率的高低是衡量小麦磨粉品质的重要指标，籽粒大、整齐一致、密度大、饱满、腹沟浅、近圆形的籽粒出粉率高。

（2）容重：指一定容积内小麦籽粒的重量，以 g/L 表示。它能综合反映籽粒形态、整齐度、胚乳质地和含水量等指标。容重大，一般出粉率高，灰分含量低。同一品种容重越高，商品质量越好，容重越低，质量越差。我国小麦质量标准（GB1351—1999）将小麦按容重和不完善粒率分为 1～5 个等级，分别为容重不低于 790g/L、770g/L、730g/L 和 710g/L，低于 710g/L 的为等外麦。

（3）面粉白度：白度通常由白度计测定，或由标样比较凭经验感官评定。它是面粉精度的一个指标，决定于胚乳颜色、出粉率和磨粉工艺水平，与小麦面粉粗细度和含水量有关。通常软麦粉色比硬麦浅，面粉过粗或含水量过高都会使面粉白度下降。一般 70 粉的白度为 70% ~84%，我国小麦品种面粉自然白度为 63.1% ~81.5%。

（4）蛋白质：小麦籽粒中的蛋白质按其溶解度及提取方法不同，分为麦谷蛋白、醇溶蛋白、清蛋白和球蛋白四种。清蛋白和球蛋白属营养价值较高的蛋白质，富含人体所必需的 7 种氨基酸，两种蛋白的含量约占籽粒总蛋白质的 20% 左右。醇溶蛋白和麦谷蛋白是面筋的主要成分，分别占面筋蛋白总量的 43% 左右、39% 左右，这两种蛋白对于决定面包的烘烧品质具有重要作用。醇溶蛋白含量高，面团延伸性好。麦谷蛋白含量高，面团弹性好。我国小麦蛋白质含量受生态环境影响，从北向南有下降趋势。蛋白质含量对食品加工品质的影响很大，含量达到 15% 以上的适于制作面包，11.5% 以下的适合制作饼干和糕点，12.5% ~13.5% 适于制作馒头和面条等。

（5）淀粉：淀粉是面粉的主要组成部分，小麦淀粉是由 10% ~25% 的直链淀粉与 75% ~90% 的支链淀粉两部分组成，以淀粉粒形式存在。直链淀粉含量低的面粉蒸煮品质好，支链淀粉含量高的面粉黏度大。食品的烘烤、蒸煮品质除与面筋数量和质量有关外，在很大程度上受淀粉特性的影响。

（6）面筋：小麦粉加工成水和成面团，将面团中的淀粉及水溶性和溶于稀盐酸的蛋白质等物质洗去后剩下的有弹性和黏滞性的胶皮状物质即面筋。面筋所含蛋白质约为面粉蛋白质的90%，主要由醇溶蛋白和麦谷蛋白组成，此外还有小量的淀粉、脂肪和糖类等。由于谷蛋白与醇溶蛋白分别具有弹性和延展性作用，因而根据两者比例的不同，谷蛋白、醇溶蛋白含量高的小麦适于加工面包，含量低的小麦适于加工糕点，含量居中的则适于加工面条等。小麦面筋包括干、湿两种，湿面筋含2/3的水、1/3的干物质，是衡量面粉品质的最关键指标。国际上，根据湿面筋含量将面粉分为高筋粉（湿面筋含量＞30%）、中筋粉（湿面筋含量26%~30%）、中低筋粉（湿面筋含量20%~25%）和低筋粉（湿面筋含量＜20%）四等。不同面制食品对面粉中面筋含量的高低要求不一样。例如：面包小麦要求湿面筋含量≥35%，且强度较高；而饼干小麦需要湿面筋含量≤22%，且筋力较弱；中等筋力和湿面筋含量的面粉适合制作面条、馒头等食品。

（7）沉淀值：单位重量面粉在稀乳酸-异丙醇溶液中，在一定时间内面筋蛋白质吸水膨胀所形成的絮状沉淀的体积称为沉淀值，以毫升表示。沉淀值是衡量面筋、蛋白质含量和品质的综合指标，它与面包体积呈正相关，沉淀值越大，表明面粉的面筋含量越高，面筋质量越好。

（8）降落值：指黏度计搅拌棒在被液化的一定量麦粉的热面糊中下降一定距离所经历的时间，以秒为单位。降落值反映一定细度面粉的稀悬浮液在热水中快速糊化后，因 α-淀粉酶作用而使淀粉凝胶液化的程度，它既是反映面粉中 α-淀粉酶活性大小的指标，也是检测小麦在收、贮、运过程中是否发过芽的一项间接指标。降落值高的，α-淀粉酶活性低，降落值小于150s的小麦易发芽，面包心黏湿；200~300s的小麦不易发芽，面包质地优良；大于300s的小麦面包体积小，面包心干硬。

（9）面团品质：指面粉加水制成面团后的流变学特性，以此可评价面筋品质和面包烘烤等食品制作品质，常用粉质仪测定。用粉质仪测定的指标有吸水率、面团形成时间、稳定时间、断裂时间、公差参数、软化度和评价值。除用粉质仪测定上述指标外，还可用拉伸仪测定面团的抗拉伸强度，用和面仪测定面团的最适揉面时间和耐揉性，用发酵仪测定发酵体积和动态，用淀粉仪测定淀粉品质等。

55. 我国小麦品质区划如何划分？江苏小麦品质区划如何划分？

我国小麦种植地域广阔，不同地区间小麦品质存在较大的差异，这种差异不仅由品种本身的遗传特性所决定，而且受气候、土壤、耕作制度、栽培措施等环境条件及品种与环境的相互作用的影响。依据生态条件和品种的品质表现，将我国小麦产区初步划分为三大品质区域，每个区域因气候、土壤和耕作栽培条件不同，进一步分为几个亚区。

一是北方强筋、中筋冬麦区。包括北部冬麦区和黄淮冬麦区，主要地区有北京市、天津市、山东省全部、河北省、河南省、山西省、陕西省大部、甘肃省东部、江苏省北部和安徽省北部，重点发展白粒强筋和中筋的冬性、半冬性小麦。本区可再分成三个亚区：①华北北部强筋麦区；②黄淮北部强筋、中筋麦区；③黄淮南部中筋麦区。

二是南方中筋、弱筋冬麦区。包括长江中下游和西南秋播麦区。因湿度较大，成熟前后常有阴雨，以种植较抗穗发芽的红皮麦为主，蛋白质含量低于北方冬麦区的2个百分点，比较适合发展红粒弱筋小麦。鉴于当地小麦消费以面条和馒头为主，在适宜发展弱筋小麦的同时，还应大力种植中筋小麦。本区可再分为3个亚区：①长江中下游麦区；②四川盆地麦区；③云贵高原麦区。

三是中筋、强筋春麦区。主要包括黑龙江、辽宁、吉林、内蒙古、宁夏、甘肃、西藏和新疆种植春小麦的地区。本区可再分成四个亚区：①东北强筋、中筋红粒春麦区；②北部中筋红粒春麦区；③西北强筋、中筋春麦区；④青藏高原春麦区。

江苏省的小麦品质区划，以小麦筋力和粒色为主要依据，划分为四大主区。根据市场和习惯，以小麦专用类型为主要依据，再进一步细分为12个亚区。

一是淮北中筋、强筋白粒小麦品质区。位于淮河和灌溉总渠一线以北，东濒黄海，西接安徽，北连山东，南与里下河麦区毗邻。包括徐州、连云港、宿迁市全部以及淮安和盐城市渠北部分，是江苏省的小麦高产区。本区以半冬性品种为主，白粒，适当搭配偏冬性或春性、弱春性品种。本区又可分为三个专用小麦种植区：①微山湖洼和沂沭运洼面包、方便面（含精制级饺子、煎炸食品等）小麦亚区；②丘岗蒸煮小麦亚区；北部中筋红粒春麦区；③泛平原蒸煮、啤酒小麦亚区。

二是里下河中筋红粒小麦品质区。该区是江苏省腹部地区的碟形洼平原，自然生产条件优越，气候温暖湿润，土壤肥沃，栽培条件好，生产水平和产量水平与淮北相当。本区以春性、红粒品种为主，北部搭配弱春性品种。所产小麦的蛋白质和湿面筋含量比淮北麦区低，但高于其他麦区，是生产蒸煮类小麦的理想区域。本区又可分为三个专用小麦种植区：①串场河沿线优质饺子小麦亚区；②沿运优质面条小麦亚区；③里下河南部优质馒头小麦亚区。

三是沿江、沿海弱筋红（白）粒小麦品质区。位于江苏省沿长江两岸和沿海一线，沿江以江北为主，沿海以中部、南部为主，沿海北部部分地区与淮北麦区相重叠。该区种植品种以春性、红粒为主，沿海北部种植弱春性和半冬性的白粒品种。本区可分为四个专用小麦种植区：①高沙上优质酥性饼干、糕点小麦亚区；②沿江沙土发酵饼干、蛋糕小麦亚区；③沿海南部酥性饼干、糕点小麦亚区；④沿海北部发酵饼干及啤酒小麦（白粒）亚区。

四是苏南太湖、丘陵中筋、弱筋红粒小麦品质区。位于江苏省最南部，小麦生育期间热量资源和降水量最为丰富。种植品种为春性，品质介于里下河和沿海、沿江麦区之间，在品种的选用和栽培措施上应根据用途而有所侧重。本区可分为两个专用小麦种植区：①丘陵饼干、糕点小麦亚区；②太湖蒸煮类小麦亚区。

56. 影响小麦品质的因素有哪些？如何理解长江中下游沿江沿海地区是弱筋小麦优势产区？

小麦品质既受品种本身遗传基因的制约，又受自然条件和栽培措施等生态环境因素的影响，是基因和生态环境共同作用的结果。在自然和栽培条件相对一致的地区或年份，品质差异主要受品种基因型的影响，而自然和栽培等生态条件相差较大地区，其品质差异来自基因和生态条件两个方面，而后者对其影响程度往往高于前者。所谓生态环境因素，主要包括温度、光照、降水及其分布、土壤质地、矿质营养、栽培措施等。

　　长江中下游沿江、沿海地区，包括江苏、安徽、湖北三省的长江两岸部分，以及江苏、上海、浙江的沿海线，地势低平，河湖港汊众多，水网密布，多为江、海、湖、河的冲击土壤，绝大多数为平原。该区无论是气候条件还是土壤状况，均有利于弱筋小麦生长。该地区的小麦生长后期温度偏低，温差偏小，降水相对较多，土壤沙性强，保肥供肥能力差等特点，使得小麦粗蛋白、面筋含量、沉降值等均较低，弱筋优势明显，是我国弱筋小麦优势产区。以江苏省为例：江苏沿江高沙土地区，年平均 14.6~15.0℃，年降雨量在 1 000 mm 以上，小麦中后期温度偏低，降水相对较多。土沙地薄，以高沙土属为主，主要土壤有小粉土、沙姜土、盐霜土夜潮土和黄夹沙土等，土壤结构性差，漏肥漏水严重，肥力水平较低，土壤有机质含量为 0.7%~1.0%。上述条件不利于籽粒蛋白质的形成，弱筋优势明显。江苏沿海地区的南部，年平均气温 14.5℃，年降雨 1 000~1 100mm，小麦生育期间降雨 500mm 左右，小麦灌浆期间降雨量偏多，穗芽发生年份达 30% 左右，土壤多为潮土或盐土，质地以重壤（北部）和沙壤（南部）为主，土壤有机质为 0.9%~1.3%，适宜于酥性饼干、糕点小麦的生长发育。江苏沿海地区的北部，年平均气温 13.8℃，年降雨 800~900mm，小麦生育期间降雨 350mm 左右，灌浆期降雨偏少，土壤多为盐土，质地以重壤为主，土壤有机质含量约 1%，适宜于冬性弱筋小麦的种植。

57. 怎样理解小麦的生命周期和
小麦的阶段发育？

　　小麦的生命周期是指从一粒完整种子萌发到产生新的成熟种子的整个阶段，也可以称为生活周期。这个过程的长短取决于生态条件的变化，栽培技术对其也有微弱的影响。

　　小麦从种子萌发到成熟，必须经过几个循序渐进的质变阶段，才能由营养生长转向生殖生长，完成生活周期，这种阶段性质变发育过程称为小麦的阶段发育。每个发育阶段需要一定的外界综合作用才能完成，外界条件包括水分、温度、光照、养分等。大量研究证明：温度的高低和日照的长短，对小麦由营养生长向生殖生长过渡有着特殊的作用，因此明确提出了春化阶段和光照阶段。小麦如果不通过这两个阶段，就不能抽穗完成生命周期。①春化阶段。萌动种子胚的生长点或绿色幼苗的生长点，只要有适宜的综合外界条件，就能通过春化阶段发育，在诸多的外界条件中，起主导作用的是适宜的低温。一般没有通过春化阶段的小麦不能正常抽穗结实。按春化特性和播期，可把小麦分为冬小麦和春小麦两大类。春化时期的冬小麦能耐忍耐 - 20 ~ - 30℃的低温，一旦通过春化而进入光照阶段，抗寒性则大为降低。小麦在春化过程中，主要分化和形成根、茎、叶、蘖等营养器官，当春化过程完成后，这些营养器官基本分化完毕，因而春化过程是决定叶片、分蘖等数量的重要时期。在生产中，一般春化过程历时较长时，单株各营养器官的数目也多。②光照阶段。小麦通过春化阶段后，在适宜的环境条件下进入光照阶段，这一阶段生育进程的主要影响因素是光照的长短，表现为有的品种（特别是冬性）在短日照条件下迟迟不能抽穗，延长光照则可大大加速抽穗进程。没有通过光照阶段，小麦也不能正常抽穗。小麦进入光照阶段的标准，一般认为是茎顶生长开始伸长或开始分化小穗原基；当小麦开始拔节（幼穗分化至雌、雄蕊原基分化期）时，说明光照阶段已经结束。小麦的主茎能否拔节，是判断光照阶段是否完成的重要标志。在光照条件和其他条件适宜时，温度在20℃左右完成光周期反应最快，温度低于10℃或高于25℃时趋向缓慢，温度低于4℃时不能进入光照阶段。春季温度回升快慢，将影响着光照阶段的长短，并从而影响穗部器官的数量。延长光照阶段的持续时间，有利于增加每穗小穗数和小花数目。

58. 什么是小麦的冬性品种、半冬性品种和春性品种？

小麦品种的冬性、半冬性和春性，就是根据不同品种通过春化所需温度和时间的不同，而划分的3种类型。

冬性品种：该类型品种对温度要求极为敏感，春化适宜温度在0~5℃，春化时间30~50天。其中：只有在0~3℃条件下经过30天以上才能通过春化阶段的品种，为强冬性品种。这类品种如果温度过低，春化缓慢，而温度过高，则不能完成春化。我国北部冬麦区种植的品种，多属于这一类型。

半冬性品种：该类型品种对温度要求属中等类型，介于冬

性和春性之间。通过春化的适温为 0 ~ 7℃，一般需 15 ~ 35
天。我国黄淮麦区种植的品种，多属于这一类型。这一类型的
品种有些地方分为弱冬性和弱春性品种。

春性品种：该类型品种通过春化阶段时对温度要求范围较
宽，经历时间也较短。这类品种可分为两种类型。一种春化适
温范围为 5 ~ 20℃，一般需 5 ~ 15 天，用于北方春播，能正常
抽穗；另一种是春化适温范围为 0 ~ 12℃，一般需 5 ~ 15 天，
用于南方秋播。

了解品种类型，对小麦引种、确定播期以及栽培管理等均
具有重要意义。

59. 如何理解小麦的生物产量、经济产量和经济系数？

小麦的生物产量是指在单位面积土地上所收获的所有干物
质的质量，包括小麦的秸秆和籽粒的干重，一般不包括地下根
系。生物产量是茎叶光合作用的产物不断运输、贮存、累积的
结果，它体现某一品种小麦在一定栽培条件下的总生产力。小
麦生物产量的高低，决定于生长期的长短和各器官生长速度的
大小。生长速度除受日照强度、时间支配外，在相同日照条件
下，则决定于光合面积和净同化率，而净同化率则决定于群体
光合层结构、透光率和单叶光合作用能力。

经济产量是指在单位面积土地上所收获的籽粒产量，在我
国通常用每亩籽粒产量（千克）表示。国际上通用的是每公
顷产多少千克或多少吨。经济产量是茎叶等光合器官的光合产

物运输、贮存到籽粒的结果，它体现的是某一品种小麦在一定条件下的有效生产力。经济系数是经济产量与生物产量的比值，也即生物产量转化为经济产量的效率。例如：某小麦丰产田经济产量每亩520kg，生物产量为1 180kg，经济系数就是：$520 \div 1\ 180 = 0.44$，从这一公式可以看出，经济产量是生物产量和经济系数的乘积。要想提高经济产量，就要从提高生物产量和经济系数两个方面考虑，而更重要的是采取措施提高经济系数，经济系数的大小与小麦品种特性有关，更与地力状态、种植密度、肥水管理和病虫害控防等密切相关。一般小麦的经济系数在0.3~0.45，高产田块多在0.4~0.45。目前肥水条件好的高产麦田，多用矮秆品种，并且采用适当的肥水措施控制株高，尤其是控制基部节间的伸长，拔节后肥水促进，创建矮秆大穗的群体，从而提高经济系数。

60. 如何理解小麦产量的构成因素？

小麦的经济产量是由每亩穗数、每穗粒数和粒重三个因素构成，穗数、穗粒数和粒重称为小麦产量构成三因素。当产量构成三因素协调发展时，才能获得高产。

小麦的穗数由主茎穗和分蘖穗组成。主茎穗的数量决定于基本苗数，而分蘖数的数量则决定于分蘖的数量和成穗率。小麦单位面积的有效穗数主要受环境条件的制约，而较少地受品种特性的影响。主茎一般都能成穗，冬前出生的低位分蘖成穗率较高，春季出生的高节位分蘖成穗率低。小麦分蘖发生时期与数量、成穗率、品种特性及栽培技术有关。在播种时应根据品种特性、土壤肥力、播种期及气候条件以及分蘖穗的利用程度，选择适当的基本苗，并在播后加强管理，使麦苗在冬前有效分蘖成穗可靠叶龄期内（总叶片数－伸长节间数－拔节时有效分蘖可靠叶片数＋3），达到预期穗数所需的茎蘖数。例如：主茎11叶的春性小麦，其有效分蘖可靠叶龄期为5叶期（11－5－4＋3）；主茎12叶的春性小麦，其有效分蘖可靠叶龄期为6叶期（12－5－4＋3）。

小麦的每穗粒数决定于小穗、小花的分化数及其结实率。小穗分化数由基部第一节间开始伸长决定，基部第一节间开始伸长的叶龄期为主茎总叶片数减去伸长节间数再加2的叶龄期，例如主茎11叶品种基部第一节间伸长为8叶期。小花分化数在剑叶出生前决定。小花退化大约在抽穗前半个月至抽穗期，已分化的小花60%～70%在此期间退化成无效花，尚有部分弱势小花在开花期不能正常受精而败育，因此小麦高产栽培除应创造合理的群体结构外，还须保证孕穗至开花期有良好的肥水供应，减少小花退化，增加可孕小花数，增加每穗粒数。

小麦粒重的大小取决于籽粒容积和光合产物的累积数量，主要决定于生育后期。籽粒的灌浆物质来自于抽穗前茎、鞘等器官贮藏物质的运转和开花后光合产物的输送，前者占1/3右、后者约2/3左右，尤其在高产条件下，后者在灌浆物质中的比重更大。即粒重的高低主要决定于开花后光合产物的生产量及其向籽粒的运转率。小麦籽粒容积的大小受品种的遗传性影响，也是影响粒重高低的重要因素。在籽粒形成期和灌浆过程中，有良好的肥水与温光条件，供应充足的灌浆物质，是获得较高粒重的重要条件。因此，在小麦生育后期的管理中心是注意养根保叶，防止早衰和贪青，将有利于小麦粒重的提高。

由此可见，小麦的穗数、穗粒数和粒重各自形成于小麦生长发育过程中的不同时期，又分别决定于不同器官的建成过程。第一阶段，从出苗至穗分化之前，小麦生育处于营养生长，主要形成并决定单位面积上的基本苗数和每株的分蘖数，并在很大程度上决定了分蘖成穗率，这一阶段是对单位面积穗数起决定作用的时期；第二阶段，从穗分化至抽穗开花期，小麦生育处于营养生长与生殖生长并进期，是最后决定单位面积穗数和每穗可孕花数的重要时期，这个阶段是对产量形成影响最大的时期；第三阶段，小麦开花后，进入生殖生长，这一期间决定每穗粒数、籽粒贮藏能力和粒重，是产量形成的保证时期。

五、小麦栽培特性

61. 小麦生育时期是如何划分的？在生产上是如何识别和记载的？

通常依据小麦器官发生的顺序和便于掌握的明显特征，把全生育期划分为播种期、出苗期、分蘖期、起身期、拔节期、孕穗期、抽穗期、开花期、籽粒灌浆期和籽粒成熟期若干个生育时期。

具体分期和记载标准如下：①播种期。种子播种入土的日期。②出苗期。小麦的第一片真叶露出地表 2cm 时为出苗标准。当全田有 50% 以上幼苗达到出苗标准的日期记载为出苗期。③分蘖期。植株第一蘖露出叶鞘 1cm 时为分蘖标准。当全田 50% 以上植株达分蘖标准时的日期为分蘖期。④起身期。麦苗由匍匐状开始向上生长，冬麦年后第一片叶的叶鞘显著伸长，当其叶耳与年前最后一叶的叶耳距离（简称叶耳距）达 1.5cm 左右时，称之起身。全田 50% 以上植株达此标准时的日期记载为起身期，此时春二叶约露出第一叶叶鞘 3~5cm。

⑤拔节期。全田50%以上植株的茎基部第一伸长节间露出地面1.5~2cm时的日期为拔节期。⑥孕穗期。全田50%以上的旗叶叶片全部伸出叶鞘的日期为孕穗期。⑦抽穗期。全田50%以上的麦穗（不包括芒）抽出叶鞘1/3时的日期为抽穗期。⑧开花期。麦穗上发育最早的小花开花称为开花，全田50%以上的达此标准的日期为开花期。⑨籽粒灌浆期。籽粒开始沉积淀粉粒，约在开花后的10天左右。⑩籽粒成熟期。包括蜡熟和完熟两期。胚乳呈蜡状，称蜡熟或黄熟期，此时粒重最大。籽粒变硬，籽粒含水率在20%以下，呈现本品种固有的色泽时为完熟期。除此之外，当冬前平均气温下降到2℃以下，植株地上部基本停止生长时，即为越冬期；当春季温度回升到2℃以上时，地上部恢复生长，当跨年度生长叶片的新生部分达1~2cm时，即为返青期。返青时，麦株仍呈匍匐状，麦田呈现明快的绿色。

62. 小麦种子有何特点？如何理解小麦种子休眠现象？小麦种子萌发要经历哪些过程？

小麦的种子表面有果皮和种皮联合在一起，这样的种子叫颖果。麦粒顶端着生有短的刷毛，种子腹面处有腹沟，腹沟两侧为颊。小麦种子由皮层、胚乳和胚3部分组成。①皮层。包括果皮和种皮，占种子重量的5%~7.5%，起保护胚和胚乳的作用，皮层的深度及色泽与种子休眠有关，一般白皮种子休眠期短，红皮种子休眠期长，这是红皮小麦遇雨不易在穗上发芽的原因。②胚乳。籽粒里面绝大部分是白色粉状的东西为胚乳，是小麦的主要贮藏物质。胚乳包括糊粉层和粉质胚乳两个部分，占种子重的90%～93%。③胚。胚由胚根、胚轴、胚芽和盾片等部分组成，是一个高度分化的幼小植株的雏形。胚根包括1条主胚根和4～5条侧根，胚芽包括胚芽鞘、生长点和2～3个叶原基。胚轴连接胚根和胚芽。盾片的一侧连接胚乳，是种子萌发时营养转换和输送的重要部位。

对小麦种子给以适宜的条件仍不发芽的现象，称为休眠。要理解小麦种子的休眠，必须先搞懂小麦种子形态成熟和生理成熟的两种概念。小麦种子的形态成熟，指外部形态上的成熟，此时种子内部营养物质并未达到充分积累。小麦种子的生理成熟，指种子胚的成熟，表现为体积缩小，硬度增加，种皮渗透性改善，发芽率、发芽势达最高。从形态成熟到生理成熟过程称为种子休眠期，又称种子后熟期。只有完成休眠期的种子，才能发芽。而籽粒未完全通过生理成熟阶段，虽在适宜的发芽条件下，也不能萌发，而是休眠状态。休眠期的长短及深度与种皮的厚薄和颖片内的抑制物质有关，因品种而不同，长者1～2个月，春小麦可达6～7个月；短者可与形态成熟同时完成生理成熟。一般红粒种子休眠期较长，白粒种子休眠期较短。休眠期过短的种子，在小麦收获期遇雨时容易出现穗发芽现象，适成减产。了解麦种的休眠现象，对指导小麦生产具有重要意义。例如：白皮小麦品种种皮薄，休眠期较短，在小麦收获期容易发生穗发芽现象，而且一般对赤霉病抗性较差。在江苏淮南麦区特别是偏南的里下河和沿江苏南地区，通常梅雨来得早，小麦抽穗期和生长后期遇连续阴雨的概率较大，容易发生赤霉病和出现穗发芽现象，因而上述地区不易种植白皮小麦品种。

渡过休眠期的种子，在适宜的水分、温度和氧气条件下，便开始萌发生长。小麦种子的萌发必须经历3个过程：①吸水膨胀过程。当水分充足时，种子很快吸收水分，体积膨大。②物质转化过程。当种子吸水量增加到干重的30%以上时，呼吸作用逐渐增强，各种酶类开始活动，一方面将胚乳中贮藏的淀粉、脂肪等营养物质转化为呼吸基质，提供能量，将淀粉、蛋白质、纤维素等难溶性物质转化为可溶性含氮化合物和糖类；另一方面合成新的复杂物质，促进胚细胞的分裂与生长。③形态变化过程。当种子吸水达到自身重量的45%～50%时，胚根鞘首先突破种皮而萌发，然后胚芽鞘也破皮而出，一般胚根生长比胚芽快，当胚芽长达种子的一半时称为发芽。

63. 小麦的根有几种？其生长有何特点？

小麦根的主要作用是从土壤中吸取水分和养分，并运送到茎叶中，进行体内有机物质的合成和转化，源源不断地供给小麦生长发育的需要。小麦根属于纤维状须根系，由种子根及次生根组成。

种子根，也叫初生根、胚根，是在种子萌发时从胚轴上陆续长出。通常情况下，种子根一般有3～5条，最多可达7条。种子大而饱满，土壤水分、温度和空气条件适宜时，生出的种子根就多，反之则少。当第一片真叶出现以后，就不再发生新的种子根。种子根细而长，在小麦生长初期（三叶期前），小麦植株主要靠种子根吸收土壤中的水分和养分，前期种子根生长较快，在三叶期时，壮苗的种子根可长到30~40cm，越冬时种子根可达60~100cm，抽穗时可达150cm以上，种子根终生都有吸收作用，尤其对吸收深层土壤中的水分和养分。

次生根，也叫节根、不定根，是在3叶期后开始在茎节上发生，着生在分蘖节上，由下向上顺序生长。次生根一般比种子根粗而短。次生根的数目与植株的健壮程度和分蘖多少有直接关系，小麦的分蘖多，次生根也比较多。生长健壮的植株，每长一个分蘖，在分蘖节上同时生出1~2条次生根。当分蘖长出3片叶后，分蘖的基部也能直接长出次生根。所以，植株健壮、分蘖多，次生根相应也较多。次生根虽不如种子根长，但越冬时生长健壮的植株次生根也可达30~60cm，抽穗时可达100cm左右。次生根数量多，吸收水分和养分能力较强。

小麦根系主要分布在40cm以内土层中，一般20cm耕层内的根占70%~80%。根系入土越深，抗旱能力就越强。小麦根的生长与根系的扩展，以出苗至分蘖期间速度最快，其次是分蘖至抽穗，抽穗至开花日平均增长量最少，开花后则基本停止增长。其根系活力，在灌浆后期开始衰退，但可一直维持到成熟。

64. 小麦茎和叶的功能有哪些？
其生长有何特点？

小麦茎的功能主要是使水分和溶解在水里的矿物质养分（如氮、磷等）从根部通过茎部的导管由下而上流向叶子和穗部，把叶子光合作用制造的有机营养物质（主要是糖分），通过茎部筛管运输到根和穗子。小麦茎又是支持器官，它使叶片有规律地分布，以充分接受阳光，进行光合作用。此外，茎还可以贮藏养分，供小麦后期灌浆之用。小麦茎由节和节间组成。茎通常有 11~13 个节间，多数为 12 个节间。茎基部节间不伸长，构成分蘖节。地上部伸长节间数一般为 4~6 个，多数 5 个。节间长度由下而上渐次增长，穗下节间最长，占茎长的 30%~40%。穗下节间长度及单位长度干重与穗粒数、穗粒重呈正相关，而基节较短、单位长度干重大的较抗倒。

　　小麦叶的功能主要是进行光合作用和蒸腾作用。叶鞘包围在茎秆之外，基部与节间的顶部联合，其主要作用是加强茎秆强度，保护节间基部的居间分生组织和嫩茎不受损害。叶舌是叶片与叶鞘连接处的薄壁组织的突出物，可以防止雨水、灰尘和害虫侵入叶鞘。根据叶片发生时间、部位、作用的不同，可将小麦的叶片分成近根叶和茎生叶两组。①近根叶。着生于近根的分蘖节上，一般包括主茎的 1~8 叶及各蘖的同伸叶。主要在拔节前定型和起作用，它的光合产物主要供幼苗生长，起壮苗、壮蘖、壮株作用。这些叶片在抽穗开花期即枯死，对经济产量不起着直接作用。②茎生叶。一般为 4~6 叶，着生在伸长的茎节上，可分为中部叶和上部叶。中部叶指旗叶及旗下叶以外的 2~3 片茎生叶，这些叶在拔节至孕穗期定型和进入功能盛期，中部叶的光合产物主要供应茎秆生长、充实和穗的分化和发育。上部叶主要指旗叶和旗下叶，其光合产物主要供应花粉粒发育、开花受精和籽粒的形成。上部叶的大小、功能期的长短及光合功能的高低，对籽粒大小、粒重等有直接影响。

65. 如何理解小麦分蘖节的作用？小麦分蘖的发生有何特点？

由小麦基部没有伸长的密积在一起的节和节间组成的器官叫分蘖节。一般一株小麦只有一个分蘖节。小麦的分蘖节除能有发生分蘖和节根的作用外，由于分蘖内交织着大量的分支相连会的维管束群，联络着根系和地上部，所以，又是麦苗营养物质分配和运输的枢纽。分蘖节也是麦苗贮藏养分的重要器官。在越冬期间，分蘖节中贮藏大量的糖分，使细胞质浓度提高，冰点降低，抗寒力增强，麦苗在越冬期间和早春生长所需能量物质的一部分即由分蘖节贮藏物质转运而来。冬小麦如果冬春发生低温冻害，地上部分冻死，只要分蘖节未被冻死，均能由分蘖节上分蘖芽陆续长成分蘖，使植株恢复生长，并抽穗成熟。因此促进分蘖节的糖分贮存，保护分蘖节不受冻害是麦苗安全越冬的关键。分蘖节上有活跃的分生组织，呼吸作用旺盛，需要充足的养分，适当的水分和空气。当播种过深缺氧时，小麦胚芽鞘和第1、第2叶节间的节间伸长，形成根状茎，将分蘖节调到适当深度。冬性品种分蘖节距地表较深（一般3~4cm），半冬性或春性品种一般较浅（2~3cm）。

分蘖是小麦重要的生物学特性之一。分蘖发生在茎基部地表下的分蘖节上，分蘖节由若干密集在一起的节组成。每节叶腋内有分蘖芽，条件适宜可成长为分蘖。分蘖的发生是有一定次序的：当小麦长出3片真叶时，首先从胚芽鞘腋间长出分蘖，叫胚芽鞘分蘖。第4片叶出现时，主茎第1片叶腋芽伸长形成分蘖；第 5 片叶出现时，主茎第 2 片叶腋芽伸长形成分蘖，分蘖发生和主茎叶片出现保持叶蘖同伸（即 $n-3$）的关系。从主茎上长出的分蘖也叫一级分蘖。当一级分蘖长出 3 片叶时，在其鞘的叶腋间长出分蘖。从一级分蘖上长出的分蘖叫二级分蘖，也遵循叶蘖同伸规律。在适期播种情况下，一般在出苗后 15～20 天开始分蘖，以后随着主茎叶片数的增加，单株分蘖不断增加，群体总茎数迅速增长。越冬期间分蘖停止增长或因冻害而略有下降。当温度上升到 3℃ 以上时，春季分蘖开始发生，气温升至 10℃ 以上时，分蘖大量发生，并在拔节前期，全田总茎数（包括主茎和分蘖）达到最大值。

小麦分蘖一般在起身期开始进行两极分化，一部分发展为有效分蘖，另一部分则成无效分蘖，一直持续到抽穗期结束。在两极分化的过程中，一些小分蘖逐渐枯黄死亡，大分蘖逐渐抽穗。拔节期是分蘖两极分化的高峰期，因而拔节期的肥水管理对促进有效分蘖至关重要。

66. 小麦的穗有何特点？穗分化与植株 形态有什么对应关系？

小麦的穗由穗轴和小穗组成，为复穗状花序。穗轴由许多节片组成，每个节片上着生 1 个小穗。小穗一般分左右两排、互生在穗轴上，顶端着生一顶小穗。一个麦穗有 12～20 个小穗。每个小穗包括 1 个小穗轴、2 片颖片和 3～9 朵小花组成。1 朵发育完全的小花又包括内稃、外稃、3 个雄蕊、1 个雌蕊和 2 个浆片。雄蕊由花丝和花药组成。雌蕊由子房和 2 个羽毛状的柱头组成。有芒品种的外稃顶端着生芒，芒有较多的气孔，具有较强的蒸腾和光合作用。

穗分化过程根据形态变化特征可分成伸长期、单棱期、二棱期（小穗原基分化期）、小花原基分化期、雌雄蕊原基分化期、药隔分化期、四分体形成期等七个时期。生产上可通过植株的外部形态来判断穗分化时期，在江苏小麦地区的春性品种3~4叶、半冬性品种4~5叶生长锥开始伸长，进入单棱及二棱期一般各增一叶；起身期节间开始伸长时进入小花分化，拔节期开始雌雄蕊分化，分蘖至拔节是决定每穗小穗数数的关键时间；孕穗期进入四分体形成期，是小花两极分化的转折点。通常情况下，麦穗上的小穗数目越多，产量就越高。

67. 小麦的籽粒形成与灌浆成熟有何规律？

一般情况下，小麦旗叶展开后10天左右抽穗。抽穗后3~4天开花，开花受精后，受精卵和初生胚乳核形成，子房体积迅速增大，称之为"坐脐"。经过10天左右，籽粒逐渐形成，籽粒长度达最大值3/4，称为多半仁，这期间子粒的含水率急剧增加，子粒内的物质呈清浆状，干物质增加很少，千粒重只有5g左右，这就是子粒形成阶段。此时期如果遇到严重干旱，或连阴雨等不良条件，坐脐后的子粒甚至发育到多半仁时还可能退化，造成粒数减少。

多半仁以后进入子粒灌浆阶段，整个过程历时15~20天。这时期的胚乳迅速积累淀粉，干物质急剧增加，含水量比较平稳。灌浆阶段包括乳熟期和乳熟末期。乳熟期历时15天左右，是粒重增长的主要时期。乳熟末期子粒灌浆速度达到高峰，子粒体积达到最大值，称为"顶满仓"，籽粒含水量下降到45%左右，胚乳呈炼乳状。这时籽粒灌浆速度由快转慢，籽粒表皮颜色由灰绿色转为绿黄色而有光泽。

成熟阶段，包括糊熟期、蜡熟期和完熟期。糊熟期历时3天左右，籽粒含水量下降到40%左右，体积开始缩小，胚乳呈面团状，籽粒表皮大部分变黄，只有腹沟和胚周围绿色。腊熟期历时3~4天，籽粒颜色由黄绿色转变为黄色，籽粒含水量急剧下降，含水量35%~25%，体积进一步缩小，胚乳变成蜡质状，麦粒可被指甲掐断。蜡熟期植株逐渐变黄，光合作用渐趋停止，下部和中部叶变脆，茎秆仍有弹性，上三片叶开始发黄，穗下节间呈金黄色，茎叶中营养物质继续向籽粒输送（仅顶部小穗着生穗轴节片和小穗柄呈绿色）。到蜡熟末期，子粒的干重达最大值，并呈品种固有的颜色，是最适宜的收获期。完熟期是籽粒迅速失水的过程，植株枯黄变脆，穗茎易折断，籽粒变硬，含水率下降到20%以下，容易从粒壳脱落。在完熟期籽粒干重不再增加，籽粒以进一步完成形态和生理成熟为主，若不及时收获，由于雨落淋溶，呼吸消耗，籽粒干重会下降，同时由于还会发生穗发芽，机械落粒增加，品种变劣，造成损失。

68. 小麦不同生长阶段有何生育特点？

（1）冬前及越冬期。小麦的冬前时期和越冬期，是根系、叶片、分蘖等器官形成的营养生长期。其生育特点：小麦出苗后，个体迅速生长，其初生根不断伸长，出现分枝，次生根发生并不断伸展，根系吸收范围迅速扩大；麦苗长到 2 叶 1 心时，开始出生分蘖，并按叶蘖同伸规律，不断增加数目，逐渐形成膨大的分蘖节；主茎和分蘖叶片数目不断增加，叶面积逐渐扩大；在适宜温度条件下，小麦进行春化阶段的发育；光合产物除用于形成根、叶、蘖等营养器官外，越冬前开始在分蘖节中大量累积糖分等越冬所需的营养物质；当气温降至 2℃ 以下时，地上部基本停止生长。

（2）返青起身期。小麦返青也是小麦一生中的重要转折时期，冬前壮苗能否安全越冬，转为春季壮苗，并进而发育为壮株，是小麦能否高产的重要环节。其生育特点：一般秋播小麦至返青期已完成春化发育过程，当春季温度回升至 4℃ 以上时，即逐步进入光周期的发育，生长锥由营养生长锥转入生殖器官的发育；随着春季气温回升和土壤解冻，小麦根系开始活跃生长；小麦返青后，冬春过渡叶（跨年度叶）及春生第 1 叶、第 2 叶陆续生长，主茎和分蘖的春生叶片数迅速增加；当春季温度回升至 2～4℃ 及以上时，年前出生的蘖恢复生长，春季分蘖开始陆续出生，进入春季分蘖增长阶段，二棱末期的全田总茎数基本接近最高值；随着叶片的分化结束，茎节数目已定数，但在二棱期之前均未表现出伸长活动，二棱末期的基部第一伸长节间开始缓慢伸长，不久即进入"生理拔节"。

（3）拔节期。茎的基部伸长活动开始明显的伸长活动，叫做"生理拔节"；当第一伸长节间露出地面 1.5～2cm 时，叫做"农学拔节"，也即是栽培上习惯讲的"拔节"。从雌、雄蕊原基分化至药隔期形成期都可以看做栽培上的拔节期。拔节期间的生育条件对小麦单位面积穗数、每穗粒数的形成和群体结构的形成都有重要影响。其生育特点：拔节至抽穗前是小麦一生中生长速度最快、生长量最大的时期，叶、茎、根、穗等器官同时迅速生长；拔节至孕穗是决定完全花（性器官发育健全的花）数目的重要时期，而完全花的多少对小花结实率有重要影响，即拔节期是减少小花退化、保花增粒的关键时期；大多数麦田的总茎数在拔节期前后达到高峰，之后分蘖开始呈明显两极分化的趋势，在分蘖迅速追赶主茎，而无效分蘖开始渐次衰亡；小麦返青后，随着春生叶的出生，发根节位也依次上移，至拔节后单株根数仍有少量增加；茎节与叶片的迅速生长，使植株个体体积迅速增大，所占空间成倍增加，群体与个体矛盾明显增大。

（4）孕穗期。小麦进入孕穗阶段，营养体和结实器官已基本形成，单位面积穗数和每穗小穗数、小花数也已基本形成，但此期麦田管理对小穗、小花结实率影响极大，是制约每穗粒数的重要时期，同时对后期建造高光效的群体也有很大的影响。其生育特点：孕穗前后的单株体积迅速增大，约比返青时增长 10 倍以上，比拔节期增长 3 倍以上，挑旗前后的单株和群体叶面积达到最大值；幼穗发育接近四分体期，这时在麦穗上基本停止分化新的小花，在已分化的小花中，除能在短时间内进入四分体的小花外，其余小花均转向退化；小麦的营养体基本建成。

（5）生长后期。包括开花、灌浆和成熟等生育时期，它是小麦产量形成的关键时期。其生育特点：小麦开花后，经过授粉、受精后形成籽粒，开花后旗叶、倒二叶和穗部的光合产物绝大部分输送给籽粒，基本不再向该叶位以下的其他器官输送；营养器官逐渐衰亡，单株穗数已经稳定，穗下节间及其他伸长节间基本定长，植株不再发生新根，根系的扩展活动也逐渐停止，根系活性在开花后也开始逐渐降低，单株绿叶一般保存3~3.5片；开花后小麦籽粒含水量增长的速度和数量，影响灌浆开始的早晚及灌浆速度的大小。

69. 小麦生长发育对温度有什么要求?

小麦的生长发育在不同阶段有不同的适宜温度范围。在最适温度时，生长最快、发育最好。不同阶段要求的最适温度是不同的。小麦种子发芽出苗的最适温度是15~20℃；小麦根系生长的最适温度为16~20℃，最低温度为2℃，超过30℃则受到抑制。温度是影响小麦分蘖生长的重要因素。在2~4℃时，开始分蘖生长，最适温度为13~18℃，高于18℃分蘖生长减慢。小麦茎秆一般在10℃以上开始伸长，在12~16℃形成短矮粗壮的茎，高于20℃易徒长，茎秆软弱，容易倒伏。小麦灌浆期的适宜温度为20~22℃。如干热风多，日平均温度高于25℃以上时，因失水过快，灌浆过程缩短，使籽粒的重量降低。

温度不仅影响着小麦的生长发育，也左右着小麦的籽粒品质，温度条件是制定小麦品质生态区划和优质栽培技术的主要依据。

温度对小麦籽粒品质的影响很大。小麦全生育期的平均温度与小麦籽粒蛋白质、面筋含量以及沉降值呈正相关，小麦籽粒蛋白质含量在一定范围内随温度上升而提高，年均气温较常年每升高1℃，蛋白质含量提高0.286%，沉降值增加0.55ml，春季温度（8~20℃）每升高1℃，籽粒蛋白质含量平均增加0.4%。据全国小麦生态联合试验研究，籽粒蛋白质在一定范围内与开花—成熟期的日平均温度呈正相关，与开花—成熟期的时间长短呈负相关。在弱筋小麦生产中，生育前期和中期要求有适宜的温度，生育后期温度不宜过高。

70. 小麦生长发育对水分有什么要求？

正常生长的小麦，植株体内含水量约为60%~80%。小麦的耗水量包括一生中直接用于正常生理活动、保持植株体内水分平衡的生理需水和为小麦优质高产创造良好体外环境的生态需水两部分所消耗的总水量，它包括株间土壤蒸发、植株蒸腾、地下渗漏及植株中所含的水分。小麦一生的总耗水量约为每亩260~400m³，其中包括30%~40%的水分由土表直接散失（即土壤蒸发）、60%~70%的由小麦体表散发（即植株蒸腾）和少量的重力水流失。每生产1kg小麦籽粒，一般高产麦田约耗水630~700L，中产麦田耗水700~850L，低产麦田约耗水1 000~1 400L。

小麦不同生育时期的耗水量与气候条件、产量水平、田间管理状况及植株生育特点等有关。播种至越冬阶段，因苗龄小、群体叶面积小，气温较低，小麦生理生态需水较少，阶段耗水占总耗水量的15%左右；越冬期间，气温低，麦苗生长缓慢，耗水仅占总耗水量的5%左右；返青之后，温度回升，麦苗生长加快，需水量增加，耗水占总耗水量的10%左右；拔节至抽穗，植株生长量急剧增加，小麦生长旺盛，需水量急剧上升，耗水占总耗水量的 30% 左右；抽穗至成熟，气温高，植株体积大，生理和生态需水均增加，耗水占总耗水量的 40% 左右。孕穗期是小麦的需水临界期，如果缺水会导致不孕小穗和小花增多；抽穗至开花是小麦平均日耗水量最多时期，缺水则会导致可孕小花不实率增加；籽粒灌浆期缺水，会引起植株早衰，粒重下降，因而在小麦生育后期保持土壤适宜的水分，对争取粒重具有重要的意义。

　　小麦生理需水主要通过根系从土壤中吸收，土壤水分状况直接影响根系吸水，而气候因子则通过影响植株蒸腾速率间接影响根系吸水，因此，在小麦生育期间应保持适宜的土壤含水量，以保证小麦生长发育对水分的需要。小麦在不同生育时期，所要求适宜土壤水分状况不同。一般而言，播种出苗阶段的土壤含水量以占田间持水量的 70% ~ 75% 为宜，低于 60% 时出苗不整齐，低于 40% 不能出苗，高于 80% 易造成烂耕烂种；出苗至越冬阶段，土壤含水量以占田间持水量的 70% ~ 75% 为宜，低于 60% 时地上部遭受低温易受冻、分蘖不发生，低于 40% 时分蘖节因干冻而死亡；返青至拔节阶段，土壤含水量以占田间持水量的 70% 时为宜，低于 60% 时虽能控制无效分蘖发生，但返青迟缓，分蘖成穗下降；拔节至抽穗阶段，土壤含水量以占田间持水量的 70% ~ 80% 为宜，有利于巩固分蘖成穗，形成大穗，低于 60% 虽然能使无效分蘖加速死亡，但退化小穗、小花数增多（尤其是孕穗期）；抽穗至乳熟末期，土壤含水量以占田间持水量的 70% ~ 75% 为宜，此阶段既要防止大气干旱，造成可孕小花结实率下降，影响每穗粒数，又要防止田间湿度过大，造成渍水烂根，影响粒重；蜡熟末期，植株开始衰老，土壤含水量以不低于田间持水量的

60%为宜。

水分条件对小麦生长发育发生作用时，也影响着籽粒品质。例如：在小麦开花至成熟的产量形成阶段，过多降雨会导致蛋白质含量下降和降低面筋弹性，这是饼干和糕点小麦多是在降雨较多的生态条件下生产的原因之一；降低地下水位可以提高籽粒蛋白质含量，地面积水则降低籽粒蛋白质含量；干旱使小麦生长受阻，籽粒产量下降，蛋白质含量虽相对增加但蛋白质产量下降；小麦的抽穗至蜡熟期，若气温较为适宜，土壤湿度越大，蛋白质降低幅度越大；灌溉对小麦品质的影响不仅与灌水量有关，而且也与灌水时期及次数有关，一般随着灌水量增大、次数增多和浇水时间的推迟，籽粒蛋白质和赖氨酸含量降低，后期浇水对烘烤品质影响较大。

71. 小麦生长发育对光照有什么要求？

光照是通过影响光合产物（碳水化合物）生产而影响小麦籽粒产量和品质。

小麦是长日照作物。小麦进入光照阶段以后，光照时间成了完成小麦生活周期的主导因素，不同的品种对日长的反应不同，一般可分为反应敏感型、反应中等型和反应迟钝型3种类型。①反应敏感型。在每天8~12h光照下均不能抽穗，需在12h以上的光照条件下才能抽穗，需要的天数30~40天，冬性品种和高纬度地区的春性品种一般属此类型。②反应中等型。每天8h光照下不能抽穗，在12h光照下可以抽穗，需要的天数为24d左右，一般半冬性品种属此类型。③反应迟钝型。每天 8~12h 光照下均能抽穗，需要的天数 16d 以上，一般原产于低纬度的春性品种属此类型。

光照充足能促进新器官的形成，分蘖增多。从拔节到抽穗期间，日照时间长，就可以正常地抽穗、开花；开花、灌浆期间，充足的日照能保证小麦正常开花授粉，促进灌浆成熟。

光照对籽粒品质的影响方面，一般认为，小麦籽粒蛋白质含量与日照时数表现为负相关，日照充足、碳水化合物合成和积累量多，蛋白质含量相对减少。小麦生育后期的日照时数与品质的关系具有两重性。一方面，灌浆期日照时数与蛋白质、面筋含量等品质指标呈负相关；另一方面，小麦灌浆期的日照时数与降水量呈极显著负相关，与气温平均日温差呈极显著正相关，日照时数的增加，往往伴随着降水量的减少和气温平均日温差的增加，后两者对品质的正效应大于前者对品质的负效应，从而表现出日照时数与品质仍为正相关。

72. 小麦生长发育对养分有什么要求？

小麦和其他作物一样，要维持其正常生长发育并获得高产，需要有充足的养分供应。小麦生长发育所必需的营养元素有碳、氢、氧、氮、磷、钾、硫、钙、镁、铁、硼、锰、铜、锌、钼等。

小麦对氮、磷、钾的需求量最大，被称为肥料三要素。氮素能够促进小麦茎叶和分蘖的生长，增加植株绿色面积，加强光合作用和营养物质的积累。所以，合理增施氮肥能显著增产。磷素是细胞核的重要成分之一。磷可以促进根系的发育，促使早分蘖，提高小麦抗旱、抗寒能力，还能加快灌浆过程，使小麦粒多、粒饱，提早成熟。钾素能促进体内碳水化合物的形成和转化，提高小麦抗寒、抗旱和抗病能力，促进茎秆粗壮，提高抗倒伏能力，此外还能提高小麦的品质。因此，在缺钾的土壤上或高产田应重视钾肥的施用。如果出现供应不足或供应失调，则会严重影响小麦的生长发育，并使产量形成受到抑制。一般认为每生产100kg小麦籽粒，约需纯氮（N）3kg，磷素（P_2O_5）1~1.5kg，钾素（K_2O）3~4kg，其大致比例为1:0.5:1.2。小麦在不同生育时期吸收养分的数量是不同的，一般情况是苗期的吸收量都比较少，返青以后吸收量逐渐增大，拔节到扬花期吸收最多，速度最快。钾在扬花以前吸收量达最大值，氮和磷在扬花以后还能继续吸收，直到成熟才达最大值。因此，在生产上必须按照小麦的需肥规律合理施肥，才能提高施肥的经济效益。

氮、磷、钾对小麦籽粒品质有着较大的影响。籽粒蛋白质含量与土壤全氮、速效氮和速效磷、速效钾、水溶性钾呈显著或极显著正相关，土壤氮素有效性对籽粒蛋白质含量有明显的影响，随着小麦播种时土壤中硝态氮含量增加，其籽粒蛋白质含量相应提高。磷对小麦品质的影响方面，一般认为土壤含磷量与籽粒蛋白质含量呈负相关，但维持土壤有效磷含量15mg/kg以上，对保证小麦高产优质十分必要。钾对小麦品质亦有一定的影响，土壤钾含量在100mg/kg以内，钾含量与籽粒产量呈相关；土壤钾含量在350mg/kg以内，钾含量与蛋白质含量呈正相关。要保证小麦的高产和优质，需维持土壤有效钾为100~350mg/kg。

微量元素对小麦生长发育和品质形成也有重要作用，当其缺乏时会影响小麦生长和籽粒品质。在影响小麦生长方面，缺钙时会使根系生长停止；缺镁时则造成生育期推迟；缺铁时导致叶片失绿；缺硼时造成生殖器官发育受阻；缺锌、铜、钼时表现出植株矮小、白化甚至死亡。在对小麦品质影响方面，缺硫的小麦面筋黏滞性比一般小麦低，面筋质量变劣；缺硼土壤适量施硼肥，可提高籽粒淀粉含量；施镁可提高籽粒容重和湿面筋含量。

73. 小麦生长发育对土壤有什么要求？

小麦对土壤的适应性广，可生长在土壤 pH 值为 6.0~8.5。

从有利于小麦良好的生长发育而言，最适宜种植小麦的土壤质地是壤土，但以 pH 值 6.8~7.0 的中性壤土为最好，因为这类土壤一般具有较强的保水保肥能力，增产潜力大。小麦喜耕层深厚、结构良好的土壤。土壤容重以 $1.14~1.26g/cm^3$ 为宜。耕层有机质含量在 1% 以上，全氮在 0.06% 以上，速效氮 30~40mg/kg 以上，速效磷 20mg/kg 以上，速效钾 40mg/kg 以上。高产小麦要求土壤必须有良好的整体结构、丰富的养分和适宜的环境条件，要实现小麦高产或是超高产应首先提高土壤的肥力水平。有研究认为，高产土壤有机质含量在 1.5% 以上，全氮含量大于 0.1%，速效磷大于 30mg/kg，速效钾大于 160mg/kg。耕作层孔隙的体积应占 53%~55%，土壤孔隙中液体与气体之比应维持在 1.0∶（0.9~1.0），具备深、松、肥、细、湿润、通气的功能。

对小麦品质的影响方面，一般认为，质地较黏重的土壤上生产出的小麦蛋白质含量较高。

土壤在不同生育时期供肥能力的强弱亦制约着小麦籽粒品质。保水保肥能力强、肥力水平高的土壤，有利于小麦籽粒蛋白质含量和干面筋值的提高，而潜在肥力高、后期供氮能力强的土壤，冬小麦籽粒蛋白质含量和干面筋值都高，这类土壤适合中、强筋小麦生产；土壤物理性能差、土壤偏砂、漏水漏肥的土壤，除限制了小麦产量的提高外，籽粒蛋白质含量和干、湿面筋值都较低，这类土壤比较适合弱筋小麦生产。

74. 不同生产条件和产量水平下的小麦应采取怎样的增产途径？小麦群体控制程序如何？

中低产麦田，因肥水条件限制，光合面积较小和穗数不足是影响产量提高的主要因素。因此，增施肥料，增肥地力，扩大光合面积，提高生物产量，增苗增穗，主攻足穗是大面积生产上的主要增产途径。随着生产条件的改善，土壤肥力水平的提高，施肥量的增加，如果继续增加穗数，往往会因群体发展过大，导致个体生长不良，每穗粒数和粒重下降，甚至倒伏减产。因此，高产麦田，应由原来扩大光合面积、促进群体增大，转变为保持适宜的光合面积、合理控制最高茎蘖数，建立高光效群体，提高生育后期光合生产能力和经济系数。生产上，必须通过适当降低基本苗，在保证足穗的基础上，主攻粒数和粒重，实现穗数、粒数和粒重的协调发展。

小麦群体是一个动态变化过程，并受多种因素所制约，必须因天、因地、因苗制宜，促控结合。群体控制程序：①根据品种特性、生产水平、生态条件和预期的穗数的指标，确定合适的基本苗数；②根据确定的基本苗数，控制在有效分蘖终止叶龄期茎蘖数（主茎11叶品种，6叶期为有效分蘖终止叶龄期）达预期穗数的1.3~1.5倍；③在实现上述茎蘖数的基础上，于有效分蘖终止叶龄期即开始控制无效分蘖，控制高峰茎蘖数不超过预期穗数的2~2.5倍（大穗型品种为2倍，多穗品种为2.5倍）；④控制适宜的最大叶片面积指数值为6~7，并于孕穗适期封行；⑤结实期控制叶面积的下降速度。

75. 高产小麦的器官建成有何特点？高产小麦要求有什么样的群体质量指标？

以江苏省高产小麦为例，小麦器官建成有以下的特点。

（1）根系特点。根系分布深，根数多，特别是上层根发生量大，能较好地吸收土壤中的养分和水分，有效地延缓花后根系和叶片衰老，促进地上部光合功能的发挥。

（2）叶片特点。有研究表明，江苏淮南麦区超高产群体，剑叶、倒二叶面积较低产群体大，形成较大的光合面积；倒三叶的长度及叶面积较小，虽然形成的光合面积不大，但这种较短小的叶型有利于群体中下部的透光，提高了光合效率；开花期同一茎秆上各叶的叶基角由剑叶到倒三叶逐步增大，而开张角和披垂度以倒二叶为量大，但剑叶叶基角、开张角和披垂度分别较低产群体小，倒二叶、倒三叶亦呈相同趋势。

（3）分蘖发生。超高产小麦分蘖成穗占总穗数的77%～81%，常规高产栽培的为58%～60%。超高产小麦的群体发展要合理，基本苗控制在8万～10万株/亩，同时培育越冬壮苗，促进低位分蘖发生，冬前茎蘖数达最终穗数的1.0倍左右，控制无效分蘖发生，高峰苗不超过最终穗数的2.0倍，茎蘖成穗率50%以上，分蘖成穗率40%以上。

（4）茎秆特点。对高产小麦的研究显示，具有5个伸长节间小麦植株由下向上各节间长度比值，半冬性（冬性）品种为1:2:（3～3.5）:（4.5～5.0）:（8～9），穗下节间占株高的40%左右；春性品种为1:2:3:（4～5）:（9～10），穗下节间占株高的45%～50%。小麦基部一、二节间长度、充实度与抗倒能力有关。超高产小麦的基部节间长度缩短，粗度增加，茎秆充实度提高，植株抗折断强度明显增加。

（5）穗部特点。在获得适宜穗数的前提下，高产小麦群体每穗分化小穗数与中低产群体基本相近，但退化小穗数少，小穗结实率高。同时超高产群体每穗总分化小花数、可孕花数、可孕花率、可孕花结实率、结实粒数都高于中低产群体，且3粒和4粒小穗明显高于中低产群体。

高产群体质量指标是指能反映个体与群体源库关系协调，具有高的群体光合效率和经济系数的群体的主要形态特征与生理特性的数量指标。以江苏省为例，介绍高产小麦的群体质量指标：

（1）开花至成熟期群体光合生产量。该指标是小麦群体质量的核心指标。小麦籽粒在开花后形成并灌浆充实，其干物质的70%～90%来自植株开花后积累的光合产物。据资料，亩产 600kg 的小麦，在成熟期生物产量达到 1 300kg 以上，花后干物质积累量在 500kg 以上；亩产 500kg 的小麦，在成熟期生物产量达到 1 100 ~ 1 300 kg，花后干物质积累量达 350kg 以上。

（2）叶面积指数（LAI）。群体适宜的叶面积指数，随品种抗倒性、株型及生产地的光辐射量等而有差别。亩产 500 ~ 600kg 的群体最大最适叶面积指数：江苏淮南地区为 5.5 ~ 6.5；淮北地区多数品种为 7.0 ~ 7.5，株型紧凑型品种可达 8 以上。

（3）穗粒结构。目前，生产上应用的主体品种，每亩产量 500kg 以上群体穗粒结构指标：大穗型品种，每亩 28 万 ~ 30 万穗，每穗实粒数 40 ~ 43 粒，每亩总结实粒数 1 250 万粒以上；穗粒并重型品种，每亩 38 万 ~40 万穗，每穗实粒数 36 ~ 38 粒，每亩总结实粒数 1 300 万粒以上；穗数型品种，每亩 50 万 ~ 55 万穗，每穗实粒数 25 ~ 28 粒，每亩总结实粒数 1 400 万粒以上。每亩产量在 600kg 以上群体的每亩总结实粒数在 1 500 万粒以上。

（4）茎蘖成穗率。在适宜穗数范围内，茎蘖成穗率越高，总结实粒数越多，花后干物质积累量越多，最终产量也越高。研究认为，苏南、苏中地区每亩产量 500kg 群体的茎蘖成穗率在 50% 左右。

六、小麦生产管理

76. 小麦品种选用应注意哪些事项?

小麦品种选用原则主要有以下几点。

(1)选用定名品种。必须选用通过国家和省级农作物品种审定委员会审定的品种,且定名品种必须是适宜在本地区种植的品种。各地的品种确定上,要注意品种的合理搭配,基本做到每个县或是每个小生态区以 1~2 个品种为主栽品种,2 个左右辅助品种。这样既可预防因品种种植单一导致的某些暴发性病虫害危害造成的损失,又利于管理,实现小麦的优质高产。

(2)根据生态条件选用品种。根据小麦生产地的气候条件,特别是温度条件,选用冬性、或半冬性、或春性品种种植。并根据当地的自然灾害特点选用良种。例如:在江苏沿江地区,宜种植春性品种;由于小麦生长后期湿害和赤霉病、白粉病危害严重,要注意选用早熟、耐湿性强、抗赤霉病和白粉病的品种。

（3）根据生产水平选用品种。例如：在旱薄地应选用抗旱耐瘠品种；土层较厚、肥力较高的旱肥地，应种植抗旱耐肥的品种；肥水条件良好的高产田，应选择丰产潜力大的耐肥、抗倒品种。

（4）根据耕作制度选用品种。例如：麦、棉套种，不但要求小麦品种具有适宜晚播、早熟的特点，还要求植株较矮、株型紧凑，边行优势强等特点，以充分利用光能，提高光合效率。

（5）根据小麦用途选用品种。根据小麦用途以及专用小麦产业发展要求选用适宜的品种。要求籽粒品质和商品性好，包括营养品质好，加工品质符合制成品的要求，籽粒饱满，容重高，销售价格高。

（6）优先选用区域主推品种。为充分发挥农业科技和投入品在农业增产增效、农民持续增收中的作用，各地均确定并发布主要农作物主推品种。各小麦生产区必须结合当地实际，实行优中选优，进一步聚焦，做到主推品种要更加突出，每个县要突出 2~3 个主体品种，规模化的生产基地要统一一个品种，切实解决"多、乱、杂"的问题。

77. 小麦种子处理方法主要有哪些？小麦常用的药剂拌种方法有哪些？

小麦种子处理主要有种子精选、晒种、浸种、药剂拌种和种子包衣等方法。种子精选的目的是清除杂质和瘪粒、不完全粒、病粒及杂草种子，以保证种子粒大、饱满、整齐。播种前晒种有利于壮苗、全苗，实现小麦高产。晒种的功效主要有提高种子的发芽率，增强种子发芽势，促进种子后熟，杀菌灭虫。浸种处理可以促进早出苗，选用适当药剂并配制适宜浓度浸种，具有调控逆境、培育壮苗等功能。药剂拌种具有调控小麦生长，防控病虫害等作用。种子包衣能防止药剂拌种不当产生不良作用，生产上通常由供种单位先将种子包衣处理，然后将包衣过种子供应给生产用种单位和农民，用于直接播种。

小麦药剂拌种方法主要有：①调节剂拌种。用多效唑、矮壮素、矮苗壮、壮丰安等药剂拌种，不但能促根增蘖，出叶快、叶色深，加强麦苗的抗逆性，而且还可以降低株高，缩短、增粗基部节间，提高充实度。应用多效唑、矮壮素等植物生长延缓剂拌种，若用多效唑拌种，每千克的麦种可用1g15%多效唑粉剂拌种。若用矮壮素拌种，取50%矮壮素250g，兑水5kg，搅拌均匀后喷洒在50kg麦种上，然后堆闷4h，待药液被麦种充分吸收后播种。然后，这些药剂拌种后会降低田间出苗率，在具体应用时要严格控制剂量，并适当增加播种量（5%~10%）。②杀虫（菌）剂拌种。杀菌剂主要有粉锈宁和绿亨2号等，粉锈宁可预防白粉病和纹枯病等，绿亨2号可预防全蚀病等。粉锈宁拌种的麦田出苗率略有下降，生产上要适当提高用种量（约5%），或加入强力增产素、丰产灵、活力素等以促早发壮苗。此外，旱茬麦田小麦出苗后易受蝼蛄、蛴螬、金针虫等地下害虫危害，造成缺苗断垄，可用杀虫剂拌种毒杀害虫，或采用杀菌剂、杀虫剂等混合拌种。药剂混合拌种增加了药液浓度，播种前必须对小麦出苗率的影响作好试验，然后根据计算的出苗率确定具体的播种量。需注意的是，所用杀虫剂、杀菌剂应是政策法规允许的，药剂种类应以防治当地易发生的病虫害为对象选择，药剂用量及是否可以和其他药剂混用，应以药品使用说明书为准，严格操作，以防造成药害和安全问题。③微肥拌种。将多元微量元素肥料50g先用温水化开，再加入适量清水，搅拌均匀后拌麦种10kg，晾干后播种，可以提高植株抗病能力，有利于小麦高产。此外，也可根据小麦高产需要，分别选用硫酸锰、钼酸铵、硼砂等单一微肥进行拌种。硫酸锰拌种可提高千粒重，方法是将200g硫酸锰溶解在1kg的清水中，然后拌50kg麦种，晾干后播种；钼酸铵拌种，方法是将150g钼酸铵用少量热水溶解后加入适量冷水，搅拌均匀后喷洒在50kg麦种上；硼砂拌种有利于植株根系发育和开花结实，方法将100g硼砂溶解于500g温水中，冷凉后喷洒在50kg麦种上拌匀，晾干后播种。④微生物菌剂拌种。微生物菌剂拌种具有促进根系发育和促进分蘖的作用。每亩取粉状微生物菌剂1 000g，对入适量清水，搅拌均匀后再拌入麦种中，或每亩用颗粒型微生物菌剂1 500～2 000g，与麦种混合均匀后播种。

78. 高产小麦播种期如何确定？

适期播种是小麦优质高产的一个重要条件，它是实现全苗壮苗的关键，也是小麦健壮生长、实现壮秆大穗的基本保证。通过适期播种，可使小麦充分利用冬前的热量资源，在越冬前生长一定数量的叶片、分蘖和次生根，并形成壮苗。小麦壮苗越冬有利于春发稳长、增穗增粒，为小麦高产奠定基础。在适宜温度范围内，温度越高，小麦出叶也越快，出蘖速度也相应加快，分蘖出生的最适温度为 13~18℃，低于 10℃分蘖出生也缓慢，低于 2~4℃基本停止分蘖，高于 18℃分蘖出生受抑制。高产小麦播期确定，是根据小麦冬前形成壮苗要求，通过积温方法加以推断确定。江苏等地冬前日平均气温达到 0℃时小麦进入越冬期，高产小麦进入越冬期时，半冬性类型、春性类型的品种所要求达到的叶龄分别为 6 叶 1 心、5 叶 1 心至 6 叶，一般冬小麦从播种至出苗约需 0℃以上积温 120℃，以后每长出 1 片叶子约需积温 75℃，由此计算得出半冬性、春性两种类型约需 0℃以上积温分别 600~650℃、500~570℃。再根据当地日平均气温达到 0℃的日期，往前积加每天的 0℃以上的日平均气温，加到小麦长成壮苗的 0℃以上积温之日，即是当地高产小麦的适宜播种期。一般冬性小麦播种适期为日平均气温 16~18℃，半冬性品种为 14~16℃，春性品种为 12~14℃。

具体确定冬小麦播种适期时，还要考虑麦田前茬作物的收获期、专用小麦的品质要求、肥力水平、病虫害和安全越冬情况等。江苏淮北地区高产小麦适宜播种期在 10 月上中旬，苏中地区高产小麦的适宜播期在 10 月 23 日至 11 月初，苏南地区高产小麦的适宜播期在 10 月 25 日至 11 月 5 日，在上述的适宜播期范围内应适当早播，以充分利用温光资源，确保冬前壮苗形成，有利于增产。而在上述的适宜播期范围之外，过早或是过迟播种，均不利于小麦的高产。若小麦播种太早，苗期温度高，幼苗窜高徒长，不仅会导致麦苗抗寒能力下降，也易引起低位分蘖"缺位"；而小麦播种过迟，因苗期温度低、积温少，形成出苗推迟、叶片数减少，冬前生长时间短，苗小苗弱，有效分蘖期短，导致分蘖很少或不发生冬前分蘖。

79. 高产小麦播种量如何确定?

适宜的播种量是建立合理的群体起点、充分利用光能和地力、达到穗粒结构协调的重要措施。生产上,普遍存在着播种量偏大的问题,造成群体偏大、冬前和春季旺长,茎秆细弱,易于倒伏,穗多穗小,易于早衰,产量不高等问题。高产小麦播种量应根据品种的成穗特性、预期适宜穗数、播期以及生态生产条件来确定,以保证获得适宜的群体起点。

一是根据品种类型确定适宜的基本苗。以江苏省小麦生产为例:①多穗型品种。此类型品种的分蘖能力强,单株成穗能力强,每亩产量 500kg 的产量结构是每亩穗数 50 万左右,每穗粒数 25~28 粒,千粒重 40g 左右。要达到 500kg/亩的产量目标,以争取单株成穗 5~6 个为理想,每亩适宜基本苗应为 8 万~10 万。②大穗型品种。此类型品种高产栽培条件下平均单穗重 1.5~2.0g,每亩产量 500kg 的产量结构是每亩穗数 28 万~32 万,每穗粒数 38~40 粒,千粒重 40g 以上。要达到 500kg/亩的产量目标,应争取适宜的分蘖成穗,单株成穗 2~3 个为理想,每亩适宜基本苗应为 12 万~15 万。③中间型品种。此类型品种每亩产量 500kg 时,每亩穗数 40 万左右,单穗重 1.5g 左右。要求单株成穗 4 个左右,每亩适宜基本苗应为 10 万~12 万。

二是根据适宜的基本苗确定播种量。基本苗数确定后,可根据计划的基本苗数,结合种子的千粒重、净度、发芽率、田间出苗率等来计划播种量。

播种量（kg/亩）=（每亩预定基本苗数×单粒重）÷（1 000×种子净度×发芽率×田间出苗率）。公式中：种子净度是指一定量的种子中，正常种子的重量占总量（包含有除小麦粒外的杂质）的百分比；单粒重（g）= 千粒重（g）/1 000。

80. 高产小麦的壮苗指标有哪些？

壮苗的总体要求是叶片宽厚、大小适中，叶色青绿，叶、蘖和次生根的出生符号同伸关系。不同麦区壮苗的具体指标有较大的差异。以江苏省为例：淮北地区，10月1~8日播种的早茬麦，冬前（12月15日左右）要求达到主茎6.5~7.3叶，单株茎蘖6~8个，次生根8~10条，总茎蘖70万~75万/亩；10月9~15日播种的中茬麦，冬前叶龄5.5~6.5叶，单株茎蘖5~7个，次生根6~8条，总茎蘖65万~70万/亩；10月16~23日播种的晚茬麦，冬前叶龄4.5~5.5叶，单株茎蘖3~5个，次生根4~6条，总茎蘖55万~60万/亩。苏中地区，冬前（12月20日）叶龄5.5~6.0叶，单株茎蘖3~4个，次生根4~6条，总茎蘖40万~45万/亩。苏南地区，冬前（12月25日）叶龄5.0~5.5叶，单株茎蘖2~3个，次生根3~5条，总茎蘖30万~35万/亩。

由于管理不当等因素，生产上还有弱苗和旺苗类型。弱苗表现为叶片狭小，叶色黄绿，出叶慢，单株分蘖和次生根少，群体茎蘖数不足，在有效分蘖叶龄期茎蘖数达不到预期穗数，对于弱苗，生产管理上要以促为主，促进其由弱转壮；旺苗表现为叶片肥大披垂，叶色墨绿，出叶和分蘖速度加快，群体总茎蘖数过多。对于旺苗，生产管理上要以控为主，控制其由旺转壮。

81. 培育小麦壮苗应把握好哪些技术环节？

综合江苏省多年的大面积高产实践，培育小麦壮苗应把握好以下技术环节：①适期早播。不同区域高产小麦明确的适宜播期范围内，要抢季节，力争早播。淮北地区秋播若遇干旱，应提前抢墒播种或播后灌溉。苏南晚粳水稻若腾茬迟，可实施稻田套播。②降低基本苗。淮北地区 10 月 1 ~ 8 日播种的早茬田块，每亩播种量 4 ~ 5kg，基本苗 7 万 ~ 9 万；淮北地区10 月8 ~ 15 日播种的中茬田块，每亩播种量 5 ~ 7kg，基本苗10 万 ~ 15 万；淮南地区适期早播的田块，每亩播种量 5 ~7. 5kg，基本苗8 万 ~12 万。③施足基肥。基肥要做到有机肥和无机肥相结合，氮磷钾相结合。氮肥（N）占全生育期总施用量的 50% ~ 60%，磷肥（P_2O_5）占全生育期总施用量的60% ~ 70%，钾肥（K_2O）占全生育期总施用量的 50%。④精选种子，搞好种子处理。做到种子饱满整齐，确保种子质量要求，并根据高产需求搞好种子拌种、浸种或是种子包衣。⑤扩行条播，提高播种质量。与撒播相比，条播具有播种均匀、改善中后期群体内通风透光条件、提高光合效率等优势。扩大条播行距，有利于在较低播量条件下的均匀播种，实现后期更高的物质积累。高产小麦的条播行距宜扩大到 25 ~ 30cm。小麦播种质量的高低对能否形成壮苗极为关键，播种时要求落籽均匀，播深适宜，深浅一致，消灭深籽、露籽、丛籽，播后能原墒齐苗。播种深度一般以 2~3cm 为宜，北部的气温低、水分偏少，播种宜稍深，而南部稻茬土黏，应适当浅播。⑥加强播后管理。播后镇压，能提高成苗率，促进早苗。播时遇有严重干旱，当田间持水量低于60%时，应及时浇水抗旱或沟灌，抗旱催苗，切忌大水漫灌。麦苗出土后要加强田间检查和配套管理：对于出苗不齐、缺苗断垄田块，要尽早催芽补种或移密补苗；对于基肥不足的田块，要在麦苗二叶露尖时每亩补施尿素 4~5kg；对于播种前后未进行化学除草的重草田块，要及早进行麦田化学除草；对于麦田沟系标准不高的田块，要及时补挖、加深，并清理好田内外一套沟。

82. 长江中下游稻茬麦为何要推广免少耕栽培？免少耕小麦存在有哪些问题？

长江中下游稻茬麦推广免少耕栽培，有利于高产增效。这是因为：①确保适时播种。长江中下游的稻麦两熟地区，在水稻收获、小麦播种期间，经常遇到秋旱出现等墒整地种麦，或是遇有连阴雨天气导致土壤过湿不能及时播种，往往不能及时播种。采用少免耕种麦技术，较好地解决了常规栽培播种偏晚的问题，通过收稻前适时断水，可在收稻后适时播种小麦，保证了大面积生产上的小麦在适期范围内播种。②保障播种质量。稻田若采用耕翻种麦，因土壤质地较黏重，稻田含水量高，易造成垡块大，土壤不易耕整细碎，失墒严重，使麦种萌发出苗及幼苗生长都处于不良的土壤环境，小麦种子分布不均

117

匀，深浅不一致。特别是撒播麦田，常出现丛籽、深籽、露籽和缺苗断垄现象。采用少、免耕种麦的麦田，可有效地克服上述问题，有利于早苗、全苗、匀苗和壮苗的形成。具有播种质量好、出苗率高、分蘖发生快等显著特点，有利于培育合理的群体结构并较稳定获得优质高产。③改善土壤环境。一般土壤表层的土壤肥力较高，少免耕种麦的麦种落在养分比较丰富的土壤表层，加之稻茬少免耕麦田土层墒情较好，有利于播后早出苗，出全苗。遇有多雨天气，由于少免耕整个土层的土体紧实，水分下渗较慢，只要麦田沟系配套，大部分雨水成为径流排出田外，降湿速度较快，因而可有效地提高抗旱、耐涝能力。

在生产上，免少耕小麦存在有以下突出的问题：①田间杂草基数大。稻茬麦的杂草以看麦娘、繁缕、猪殃殃、野燕麦、大巢菜为主，这些杂草种子大部分在土壤的表土层。少免耕种麦，不乱土层，因而在土壤表层保留了较多的杂草种子。②后期易脱肥早衰。少、免耕种麦表土有机质和全氮富集，但表土以下较深层的土壤中养分比常规耕翻有明显下降趋势。据相关资料显示，黏壤土类不同耕作方法比较，0~7cm表层土壤有机质与全氮贮量是免耕>少耕>常规耕翻，而7~21cm土体内的总贮量，少免耕则有相反趋势。因而在部分肥力较高的免耕麦田易出现群体偏大现象，导致麦田中期郁蔽、后期倒伏早衰，从而影响小麦粒重的增加。

83. 稻茬麦少、免耕机械条播的技术优势是什么？生产上需把握哪些技术要点？

对于水稻收获较早、土质沙土至壤土、墒情适宜、适耕性好的麦田，在稻草离田情况下可采用2BG—6A型等小型免耕条播机精细播种，一次可完成碎土、灭茬、浅旋、开槽、播种、覆土、镇压等多项作业，且播种行距、播种量、播种深度可根据需要调节，从根本上解决了稻茬麦地区长期以来的耕种粗放的问题，是稻茬麦高产更高产的一条重要途径。其技术优势表现在：①抢墒播种、一播全苗。一般在水稻收获前10~15天断水，待水稻收获后，进入小麦适播期，能够抓住土壤墒情播种，有利于全苗。②落籽均匀、出苗整齐。在一般情况下，无撒播出现的深籽、露籽、丛籽和缺籽现象，能为降低播量，协调小麦群体和个体关系创造有利条件。③播种速度快。一般一台少、免耕条播机每天可播种小麦15~30亩，从而大大缩短了播期之间差距，减少了晚播麦的面积。④有利于小麦增产。由于少、免耕机条播可保证稻茬麦适时播种，具有苗全、苗齐、苗壮、苗匀等诸多优点，在相应配套栽培技术情况下，稻茬麦产量迅速提高。其缺点是在播种期间如遇连阴雨天气，条播机不能下田操作，影响适期播种。

应用稻茬麦少、免耕机械条播时，生产上需把握以下技术要点：①播前准备。前茬收割时留茬越低越好，最高不超过3cm。填平田中低洼处，使田面平整。及时施好基肥，每亩可施用25%专用配方肥35~50kg（或高浓度专用BB肥、复合肥

20~30kg)、碳铵10~17.5kg（或尿素5~7.5kg)、优质专用有机肥（畜禽人粪）20~1 250kg，施肥方法上要求在播种前撒施，施后随即机播，使肥料与土混合，减少挥发，以提高肥效。②适苗扩行。适期早播的高产田块，应调整排种孔装置，改常规每幅6行为5行，行距25~30cm。免（少）耕扩行机条播出苗率达80%，比耕翻种麦高10%，同等条件下每亩播种量可减少1~1.5kg。具体的播种密度、播种量和行距配置，应根据品种类型、茬口、播期等因素进行调整。强、中筋小麦采用降苗扩行技术，弱筋小麦采用适苗扩行技术，一般来说，高产田强筋小麦基本苗10万~12万株/亩，行距25~30cm；中筋小麦基本苗12万~14万株/亩，行距25~30cm；弱筋小麦基本苗14万~16万株/亩，行距25~30cm。操作条播机时应中速行驶，确保落籽均匀；来回两趟间接头要吻合，避免重播或拉大行距；不要在田中停机，以免形成堆籽。田块两头预留空幅，以便于机身转弯，最后横条播补种两头空幅。③调节播深。根据土壤墒情调节播种深度，墒情适宜时控制在2~3cm，土壤偏旱时调节为3~5cm。中速行驶，确保落籽均匀，避免重播或拉大行距，避免田中停机形成堆籽。④沟系配套、加强覆盖。及时机械开沟，做到内外三沟配套，通过机械开沟均匀抛洒沟泥，增加覆盖，减少露籽，防冻保苗。也可每亩用土杂肥1 500~2 000kg或稻草150kg左右均匀覆盖。采用秸秆还田覆盖，可以培肥地力，减少水土流失，通过覆盖还可以减少杂草萌发基数、减轻杂草危害，覆盖稻草时，可将整齐的稻草依次均匀铺盖，疏密有度，疏不裸露土壤，密不厚遮挡阳光。如是乱草覆盖，也要做到均匀、适量、疏密适度。适时化除和防病治虫，因苗化调控旺促壮，防冻、防倒、防高温逼熟。

84. 稻茬麦少、免耕机械匀播的技术优势是什么？生产上需把握哪些技术要点？

长江中下游地区，在水稻收获、小麦播种期间，经常遇有连阴雨天气导致土壤过湿。在土壤含水量较高情况下，免耕机条播作业时易出现堵塞排种管、缺苗断垄等现象，为争取适期早播，宜采用机械均匀撒播。采用免（少）耕机械匀播技术，使得机械对腾茬、墒情、土质和秸秆还田的适宜弹性更宽，效率更高，降低能耗，对沙土、壤土、黏土均可适用，即使土壤含水量较高时也能机械播种。

应用稻茬麦少、免耕机械匀播时，通过对免耕条播机进行简易改进，即拆除免耕条播机的部分或全部旋切刀，拆除播种开沟（槽）器和排种管，在播种箱下方增加一倾斜的前置式挡板，种子经挡板均匀摆播于地表，播种、浅旋盖籽同步完成。稻茬小麦少、免耕机械匀播的播前准备、基肥施用及播后管理措施与机械条播相同。

85. 如何理解小麦的高效施肥期？

高产条件下，小麦在苗期至越冬期间，要保证适量的养分供应，以促进分蘖形成壮苗，满足形成穗数和为大穗奠基的需要；返青至拔节期，要控制供氮，以减少春生无效分蘖，降低高峰苗；拔节至开花期，此期是供肥重点，高产田氮磷钾吸肥比例占50%左右。超高产栽培的小麦要特别注重最后三张功能叶出生期施肥，以达到巩固穗数和保花、增粒、增重的产量目标。基于高产小麦的营养特性，生产上氮肥施用应采用两促施肥的方法，即前期施好基苗肥，后期施好拔节孕穗肥，应尽量避免用氮肥作腊肥和返青肥施用。小麦一生中，以生育前期磷吸收量对产量的直接作用最大，其次是中期，可见磷肥施用宜以基肥为主，缺磷地区在小麦生育中期可适当补磷。钾吸收量以前期对产量的直接作用最大，但前期和中期差异较大，而且中期补施钾肥能显著提高产量。

86. 如何确定小麦的高效施肥量和肥料运筹比例？

小麦单位面积施肥量应根据目标产量、土壤供肥能力、肥料有效养分含量及其当季利用率来决定。计算公式：施肥量（kg/亩）= ［目标产量需肥量（kg/亩）－ 土壤当季供肥量（kg/亩）］ ÷ ［肥料中有效养分含量（%）× 肥料的当季利用率（%）］。公式中：目标产量需肥量（kg/亩）以小麦吸收的养分量来计算；土壤当季供肥量以空白的产量参数估算；肥料的当季利用率因肥料品种、施用期、施用方法等不同而有很大差异，可根据相关试验资料加以折算。根据江苏省研究示范和高产实践，小麦亩产500kg以上的产量水平，施氮（N）16~20kg/亩，施磷（P_2O_5）6.5~16kg/亩，施钾（K_2O）6~12kg/亩。

小麦高产栽培中肥料运筹比例（江苏省）：①氮肥。高产栽培中氮肥施用，要重视基肥和拔节孕穗肥，壮蘖肥作为平衡、接力肥施用。中强筋类小麦，基肥：平衡肥：穗肥为为5：1：4；弱筋类小麦，基肥：平衡肥：穗肥为7：1：2。②磷钾肥。高产田的磷肥以70%作基肥，满足吸磷临界期和第一吸肥高峰期麦苗的需要，还有30%在植株倒4叶期作追肥施用，满足拔节至开花期吸磷高峰需要及花后对磷的吸收。高产田的钾肥以50%作基肥，还有50%在植株倒4叶至倒3叶期作追肥施用。

87. 高产小麦如何追肥？

江苏省高产小麦的追肥方法：①普施苗肥。麦苗至第二片真叶出生时，就显著受到土壤养分的影响，对于地力差、基肥施用少和苗弱的田块，应在二、三叶期早施苗肥，促进其早发根，增加分蘖。②巧施壮蘖肥与平衡肥。长江中下游有明显越冬期，小麦生产上有越冬期施用腊肥、返青肥施用返青肥的传统习惯，但实践证明，腊肥和返青肥往往促进了大量的无效分蘖、恶化群体，容易倒伏和早衰。因此，高产麦田要求对基肥足、麦苗生长健壮的麦田，不施腊肥，以免引起春后生长过旺；对冬施用基苗肥较多，叶色青绿，群体较大，生长较好的麦田，也不宜施用返青肥，以控制春后无效分蘖和中部叶片的生长，促使茎秆粗壮，预防倒伏。科学的追肥适期是在3~5叶期追施壮蘖肥，或在麦苗脱力落黄时追施平衡肥。在生产上，腊肥主要是在基、苗肥不足，麦苗生长瘦弱、群体小的麦田施用，以有机肥料为主，也追施速效氮肥，可以培土壅根、保暖防冻，增加土壤中速效养分的供应，对促进春后早发，提高分蘖成穗率，促进小穗分化均有显著效果。返青肥主要是对基肥不足、未施腊肥的落黄弱苗或茎蘖数不足的田块追肥，促进春发，提高成穗数。③施好拔节、孕穗肥。拔节肥可以提高中期功能叶的光合强度，积累较多的光合产物供幼穗发育，缩短小花发育之间差距，增加可孕小花数，提高结实粒数。高产小麦拔节肥应在群体叶色褪淡，分蘖高峰已下降，第一节间已定长时施用。如果拔节期叶色不出现正常褪淡，叶色披垂，则拔节肥就可不施或推迟施用；如拔节前叶色过早落黄，就必须提早施拔节肥。孕穗肥在剑叶露尖至破口期施用，可提高最后三张功能叶的光合强度和持续时间，促使更多的光合产物向穗部运输，减少小穗和小花的退化、败育，防止早衰，增加粒重。④根外追肥。小麦抽穗开花以后至成熟期间，仍需吸收一定的氮、磷营养，在灌浆初期进行叶面喷肥，可以延长后期叶片功能，提高光合效率，促进籽粒灌浆，并提高籽重和籽粒蛋白质含量。可用磷酸二氢钾、尿素单喷或进行混合喷施，磷酸二氢钾喷施浓度为 0.2%~0.3%，尿素喷施浓度为 1%~2%，每亩喷施的肥液量以 50kg 左右为宜。

88. 高产小麦如何进行灌溉？如何进行排水降渍？

高产小麦的灌溉可分成前期灌溉、中期灌溉和后期灌溉。

一是前期灌溉。在秋季长期干旱年份播种期墒情不足，土壤含水率低于田间持水量 60% 以下时，必须灌水造墒，浇足底墒水，然后适墒播种。播种出苗后如遇干旱，分蘖期墒情不足，应及时浇灌分蘖水，灌水后注意松土保墒。越冬期间温度低，不利于小麦地上部生长，地下部根系却在不断生长，是麦苗壮根的关键时期。如遇秋旱接冬旱或旱情持续发展，应及时浇灌越冬水，浇水适期以 12 月中旬为宜。

二是中期灌溉。小麦从拔节至抽穗期间，江苏的常年降水很不平衡。淮南降水量超过 150～200mm，雨量有余，需排水降渍。而淮北少于 50mm，尚不足耗水量的一半，浇春水具有明显的增产作用。高产麦田灌春水过早有倒伏的隐患，一般推迟至基部第一节间定长时灌水。但是，如果返青起身期预期能成穗的大茎蘖低于目标穗数时，则应适当提早灌水，以提高分蘖成穗率，实现高产。

三是后期灌溉。小麦抽穗至成熟期，气温升高快，风速加大，蒸发和蒸腾量大，江苏淮北地区的年降雨量为 70mm 左右，而亩产 500kg 的麦田在此期间土壤耗水量需 130mm 左右，因而必须灌水。灌水时间应掌握在扬花至籽粒形成期，灌水不宜过迟，以防后期倒伏。

渍害在麦作生产特别是淮南麦区高产稳产的主要障碍因子。高产田要强化沟系配套工程，目前大面积高产田采取的排降方式主要有内外三沟配套的明沟排水和沟系硬质化的"三暗工程"两种模式。其中：明沟排水模式，要求麦田的内三沟和外三沟相配套，概括为一方麦田、两头出水、三沟配套、四面腾空、雨止田干。高产麦田内外三沟配套的标准：田间的竖沟、横沟和田头出水沟（称之内三沟）的沟深分别达到 25cm、30cm 和 40cm；田外的隔水沟、导渗沟和大排沟（称之外三沟）的沟深分别达到 1.0m、1.2m 和 1.5m；做到沟沟相通、内外相通、能灌能排、旱涝保收。

89. 稻田套播小麦的主要优点是什么？主要缺点有哪些？

稻田套播小麦，即在水稻收获前，适时适墒提前套种小麦，待水稻收获后再及时进行开沟覆土、播后镇压等配套作业的小麦种植方法。

主要优点：能够在茬口十分紧张的地区争取季节、提前播种出苗；在干旱的年份也能获得全苗，而多雨年份可避免烂种；稻田套播麦，通过水稻机收并配套稻草粉碎留田，有利于稻草的覆盖还田。

主要缺点：如果水稻生长繁茂，播下的麦种落籽不易均匀；倒伏田块难以操作；全部露籽；在水稻荫蔽条件下出苗，幼苗瘦弱，易窜苗，冬前长势差，抗寒力弱。

90. 稻田套播小麦高产栽培的技术要点有哪些？

稻田套播小麦高产栽培的技术要点：

一是选择适宜品种。稻套麦根系分布浅，要选用抗倒、抗冻能力强和株型紧凑的小麦品种。

二是搞好种子处理。播种前应晒种 2~3 天。用化控剂拌（浸）麦种，一般每千克麦种可用 1g15% 多效唑粉剂拌种或 100～150mg/kg 多效唑溶液浸种，以矮化增蘖、控旺促壮。拌种时要注意种药拌匀，防止局部药量过大，影响麦苗生长。

二是适期套播。在稻草离田的情况下，一般掌握在收稻前 7～10 天以内播种，确保水稻收获离田时与小麦齐苗（1 叶 1 心）基本吻合；切忌共生期过长而造成弱苗。对于稻草直接全量还田的田块，宜在收稻前 0～5 天以内播种，确保水稻收获时与小麦萌发顶土基本同步，可适当提高留茬高度（≥10cm）且稻草须切碎匀铺，切忌播种过早和稻草覆盖过厚。

四是适墒套播。前茬水稻成熟后期，搞好田间水浆管理。根据天气和墒情，及时灌水和断水，避免在地表干裂或田间有明显积水的情况下播种，影响小麦正常吸涨萌动。

五是适量匀播。套播麦早播早发，但收获水稻时易损苗，因此要求适当增加播种量。适期套播的播种量介于常量播种和精量播种之间，每亩 8～10kg，迟播田块再适当增加播种量，通过弥雾机喷种等方法确保播种均匀。

六是套肥套药争全苗。收稻前每亩套施复合肥 15kg 左右、尿素 10kg 左右，确保"胎里富"，实现早发壮苗。播种前 1～2 天或播种时用除草剂拌尿素或湿细土在稻叶无露水时均匀撒施，用药后保持田面湿润不积水。注意多效唑等拌种的田块要避开芽期用药，特别是浸种露白的麦种以播前用药为宜，以防药害。播种前后未化除的套播麦田，在稻草离田 6～7 天后、草龄 2～3 叶时化除。

七是加强镇压覆盖促壮苗。对于稻草全量还田、稻麦共生期短的麦田，在水稻收获后墒情适宜的情况下应加强镇压，促进小麦种土密接、根系下扎、顶草出苗。对于稻草离田的麦田，应在小麦齐苗期加强覆盖，每亩均匀撒施土杂肥 1 500～

2 000kg 或匀铺稻草 150kg 左右。3 叶 1 心前，结合三沟配套和机械开挖田内沟，适当加大开沟密度，均匀覆土 1 ~ 2cm 厚。

八是科学施肥防早衰。及早追施壮蘖肥，达到基（套）肥不足苗肥补。越冬和返青期对发苗不足或脱力落黄的麦田，应适量补施平衡（接力）肥捉黄塘、促平衡。重施拔节孕穗肥，一般每亩施用尿素 15kg 左右，以倒 3 叶和剑叶期两次施用为住，对预防后期脱力早衰，提高结实率和千粒重，夺取小麦高产十分关键。

91. 稻秸机械耕翻还田对小麦生长有何影响？如何实现农机与农艺配套？

稻秸机械耕翻还田，具有秸秆总量多，低温旱作持续时间长，秸秆腐烂分解慢，受气候影响大，季节紧张矛盾突出等特点，易影响秋播进度或造成缺肥干旱、僵苗不发、冻害死苗等不利影响。在一定程度上影响小麦的出苗，导致基本苗略有下降，而在分蘖后期对小麦分蘖表现出较大的促进作用，最终能保证小麦成熟期足够的穗数。秸秆还田的正面效应在拔节期后表现较为明显，能够提高小麦抽穗期至成熟期干物质的积累量，从而提高小麦的穗粒数和千粒重。稻秸还田可以在每亩穗数相当的情况下提高产量。由于秸秆还田后期的持续供氮能力，能够提高小麦籽粒蛋白质，并能提高小麦籽粒的沉降值和容重。有研究显示，持续还田更有利于小麦淀粉品质的改善。

稻秸机械耕翻还田以"水稻收割→同步碎秸→碎秸匀

铺→灭茬还田→机械匀播→适时镇压→小麦优化配套管理"
为关键环节，实现农机农艺配套。

从农机作业上看，要增加大中型拖拉机作业面，坚持
"碎草匀铺（碎草长度控制在 5～8cm）→深埋整地（耕翻埋
草＋旋耕整地，或 1～2 次深旋埋草，确保埋深达 15cm）→机
械条（摆）播（或人工均匀撒播机械盖籽）"的作业程序，其
中，水稻收割、同步碎秸、碎秸匀铺、灭茬还田、机械匀播、
适时镇压等环节均有相应装备支撑，实现水稻秸秆机械化全量
还田，利用"碎秸秆扩散匀铺装置"，碎秸摊铺宽度可增加 1
倍以上，厚度降低 50% 以上，分布均匀度达 85% 以上，可明
显优化机械还田作业条件，提高还田整地质量。

从农艺配套技术上看，因地制宜采用适宜的埋秸整地方式
和播种方式，提高播种质量，坚持播后镇压，基肥适量增氮，
抗逆应变管理，在确保稻茬小麦在全苗、壮苗基础上实现其稳
产高产。

92. 稻秸机械耕翻还田下小麦如何配套管理？

针对稻秸还田后小麦的生育特点，其高产栽培策略是主攻
小麦全苗壮苗，加强小麦优化栽培和抗逆应变管理。一是提高
水稻秸秆还田和整地质量。做到碎秸匀铺，确保秸秆田间撒布
均匀，通过埋秸整地使得秸秆既要埋得深、也要埋得匀。二是
强化播后管理。遇到干旱须造墒播种或播后窨水沟灌，播后要
及时镇压，防止土壤表层过于疏松。三是适当提高前期施氮比
例。根据秸秆腐解先耗氮后释氮的状况，施氮比例达当前移，

适当增加基肥中氮肥用量，比例增加约 10 个百分点，防止秸秆腐解耗氮影响麦苗生长，促进小麦苗期叶蘖同伸，实现壮苗越冬。四是加强抗逆应变管理。

93. 对于强筋、中筋、弱筋不同类型的小麦，从提高品质的角度如何进行氮肥运筹？

氮肥是对小麦品质影响最大的因素，合理施用氮肥可以有效地改善营养品质和加工品质。对于优质强筋和优质中筋小麦，以增加营养品质和面筋品质，改善加工品质为目标的施氮技术，应在适宜群体的条件下，提高氮肥的投入水平，适当增加中后期肥料投入比例。

强筋小麦每亩 500kg 左右产量水平下，每亩施氮量（N）18～20kg。氮肥施用中，基肥、追肥比例控制在 5：5，基肥、壮蘖肥、拔节肥、孕穗肥的施用比例为 5：1：（2～2.5）：（2～1.5），即基肥占总施氮量的 50% 左右、壮蘖肥占 10% 左右、拔节肥占 20%～25%、孕穗肥占 15%～20%。对于基础肥力较高，总施氮量（N）每亩 14～16kg 的条件下，氮肥基肥、追肥比例以 3：7 为宜。在江苏省强筋小麦适宜生态区，壮蘖肥在越冬始期（12 月 20 日左右）施用；拔节肥在小麦基部第一节间接近定长、叶龄余数 2.5 时施用；孕穗肥在小麦叶龄余数 0.8～1.2 时施用。

中筋小麦每亩 450～500kg 产量水平下，每亩施氮量（N）14～16kg。基肥、追肥比例控制在 5：5，基肥、壮蘖肥（平衡接力肥）、拔节肥、孕穗肥施用比例为 5：1：（2～2.5）：

(2 ~ 1. 5)，即基肥占总施氮量的 50%、平衡接力肥占 10% 左右、拔节肥占 20% ~ 25%、孕穗肥占 15% ~ 20%。在基础肥力较高条件下，氮肥基追比以 3 : 7 或 4 : 6 为宜。在江苏省小麦产区，壮蘖肥（平衡接力肥）施用时间春性品种为 5 ~ 7 叶期、半冬性品种为 7 ~ 9 叶期；拔节肥在小麦基部第一节间接近定长、叶龄余数 2. 5 时施用；孕穗肥在小麦叶龄余数 0. 8 ~ 1. 2 时施用。

优质弱筋专用小麦肥料施用上，在确保一定产量的前提下，严格控制氮肥的施用量，严格控制后期的肥料施用。一般全生育期每亩施纯氮 12 ~ 14kg。基肥、追肥比例控制在 7 : 3，基肥、壮蘖肥（平衡接力肥）、拔节肥施用比例为 7 : 1 : 2，即基肥占总施氮量的 70%、平衡接力肥占 10% 左右、拔节肥占 20%。在江苏省弱筋小麦适宜生态区，壮蘖肥（平衡接力肥）在越冬始期（12 月 25 日左右）施用，捉黄塘促平衡；拔节肥在小麦基部第一节间接近定长、叶龄余数 3. 0 时施用。

94. 何为晚播小麦？晚播小麦的生长发育有哪些特点？

通常情况下，将播期迟于适期 10 天以上的小麦称为晚播小麦。

晚播小麦生长发育特点主要有：一是冬前苗小、苗弱，难以带蘖越冬；二是春季生育进程加快；三是植株生长量较小，春季分蘖成穗率较高；四是容易遭受干热风的危害，降低千粒重；五是穗粒数也有所减少，穗型变小。

95. 晚播小麦的栽培策略是什么？高产栽培时需把握哪些技术要点？

晚播小麦的栽培策略是：选用良种，以种补晚；加大播量，以密补晚；科学管理，以好补晚；稳氮后移，以肥补晚。晚播小麦的高产管理是一套以主茎成穗为主体的综合性配套栽培技术，由于其主要依靠主茎成穗，因此形象地称之为"独秆栽培"。

晚播小麦高产栽培需把握以下技术要点：①选用大穗型品种。②抢时早播。尽可能做到早腾茬、早整地、早播种，加快播种进度。③增加基本苗。依靠主茎成穗是晚播小麦增产的关键。生产上，对晚播小麦增加播种量的幅度都有了一定的经验。迟于播种适期，每晚播一天增加 0.5 万 ~ 1 万基本苗，最多不超过预期穗数的 80%。通常情况下小麦晚播独秆栽培，江苏淮北地区 10 月底以后播种，每亩基本苗应以 30 万 ~ 35 万为宜（通常最多不超过 35 万），播种量应加大到 20kg/亩左右；江苏淮南地区 11 月中旬以后播种基本苗应以 22 万 ~ 26 万为宜（通常最多不超过 26 万），每亩播种量应加大到 15kg 左右。机条播时应窄行播种，将行距缩小至 15cm 左右。④精细耕播、催芽播种。稻田四周开挖排水沟，水稻收割前 10 天左右断水，整地播种阶段开挖好田间"三沟"。墒情较好时，可用机械旋耕灭茬后机械条播，机械播种时应调节好播种参数，确保浅播、落籽均匀；土壤墒情较差时，可将水稻秸秆移除后直接播种，适墒时机械开沟盖籽。人工撒播时，力求撒籽均匀，做到不重播、不漏播，无深籽、露籽和丛籽。一般播种深度以 3～4cm 为宜。为促进早出苗和保证出苗具有足够水分，播种前用 20～30℃ 的温水浸种 5～6h，捞出晾干播种；或者在播种前用 20～25℃ 温水，将麦种浸泡一昼夜，等种子吸足水分后捞出，堆成 30cm 厚的种子堆，并且每天翻动几次，在种子胚部露白时，摊开晾干播种，能够提早 5～7 天出苗、7～10 天齐苗。⑤合理运筹肥料。采用"前期控、中后期促"和适当减少施氮总量的策略。通常情况下，江苏淮北地区目标亩产 450kg 需施纯氮 15～16kg，江苏淮南地区目标亩产 400kg 需施纯氮 14kg 左右，氮（N）、磷（P_2O_5）、钾（K_2O）一般为 1：0.6：0.6。氮肥中，基肥占总施氮量的 30% 左右；3～4 叶期施用分蘖平衡肥，用量占总氮量的 10%～15%；宜在植株的倒 3 叶期施用拔节肥，用量占总施氮量的 25%～30%；剑叶露尖时施用孕穗肥，用量占总施氮量的 30% 左右。磷、钾肥的基追比通常为 5：5，宜在植株的倒 3 叶期施用。⑥加强田间管理。做到沟系配套，采用合理的中耕、镇压等措施，促进增温保墒。由于晚播小麦春发快、后期用肥量大，宜在拔节前的一个叶龄期，每亩用 15% 多效唑可湿性粉剂 40～50g 对适量水进行喷施，有利于耐旱防倒。要搞好冬前土壤封闭及春后茎叶处理，提高灭草效果。生长后期加强病虫害防治，并注意施用增粒增重剂，以养根保叶，防止高温逼熟。

96. 小麦湿害有哪些症状？如何防控？

小麦从苗期到扬花灌浆期的各个生育阶段均可遭受湿害。苗期受害，导致种子根伸展受抑制，次生根显著减少，根系不发达，苗瘦苗小或种苗霉烂，成苗率低，叶黄，分蘖延迟，分蘖少甚至无分蘖，僵苗不发；返青至孕穗期受害，小麦根系发育不良，根量少，活力差，黄叶多，植株矮小，茎秆细弱，分蘖减少，成穗率低；孕穗期受害，小穗小花退化数增加，结实率降低，穗小粒少；灌浆成熟期受害，使根系早衰，叶片光合功能下降，遇有高温气候，蒸腾作用增强，根系从土壤中吸收的水分不足以弥补植株体内水分的缺亏，引起生理缺水，绿叶减少，植株早枯，灌浆期缩短，籽粒发育不良。生产上中后期发生的湿害较前期重，其中拔节期发生湿害损失最重，此间受害有效穗少，每穗粒数减少，粒重下降，产量降低。

小麦湿害的防控措施：①沟系配套。要求三沟配套，竖沟、腰沟、田头沟要逐级加深，沟沟相通，主沟通河，确保"一方农田、两头出水、三沟配套、四面脱空"，防止烂耕烂种。小麦生育期间经常清理沟系，做到"雨前清沟、雨时查沟、雨后理沟"，雨止田干，明不受渍，暗不受害。具体要求：外沟每100m开1条，沟深1~1.2m；田间竖沟间距要达到2.4m或3.6m，沟深20~30cm，腰沟30~40m开1条，沟深30~40cm。通常长江中下游地区春季雨水多，水分管理上应灌排结合，以排为主。在排水降湿方面应把握好以下的环节：一是要清沟理墒，保证田间排水通畅。如在返青期已清沟的田块，注意清理那些因拔节期下雨造成沟系不通的地方。这个时期清沟应注意，因麦苗已拔节，清出来的泥不能压在麦苗上，人在田间行走时亦不能踩断麦苗。二是注意降低外三沟和外河的水位，从而降低麦田地下水位，使麦田的地下水位深度拔节期控制在0.8~1m，抽穗后在1m以下。②选用耐湿品种。小麦不同品种对湿害的反应有差异，选用耐湿性品种是减轻湿害和提高单产的经济有效措施。③培育壮苗。推广精量或半精量播种技术，培育壮苗，提高根系活力。对湿害较重的麦田，做到早施巧施接力肥，重施拔节孕穗肥，以肥促苗。冬季要增施热性有机肥料，如人畜肥、草木灰、沟杂肥等，增施磷钾肥，有利于促进根系发育、培育壮秆、减轻病害、提高抗湿性。④中耕松土。通过中耕松土，散湿提温，增强土壤通透性，促进根系发育，增加分蘖，培育壮苗。中耕能促进麦苗生长，加快苗情转化，使小麦增穗、增粒而增产。⑤护叶防病。叶面喷施具有植物抗寒、抗逆功能的生长调节剂，或硼、钼、锌等微量元素肥料以及磷酸二氢钾等，增强叶片活力。另外，白粉病、锈病、赤霉病等病害发生后，要及时喷药防治。

97. 如何预防小麦的冬季冻害？冬季冻害发生后补救措施有哪些？

冬季冻害是小麦进入冬季后至越冬期间由于寒潮降温引起的冻害，小麦遭受冬季冻害有品种、气候、播期和播量等因素。预防措施主要有：①选用抗寒品种，搞好品种布局。要根据当地的气候条件，选择适宜冬性、半冬性和春性品种。②按照品种冬、春特性，合理安排播种期。小麦播种期要合理安排，严格掌握春性品种在容易发生寒潮的地区播种时要适当晚播，千万不要早播，以免冻害隐患。③培育壮苗，确保壮苗安全越冬。小麦冬前壮苗的植株内有机养分积累多，分蘖节含糖量高，具有较强的抗寒力。即使在遇到不可避免的冻害情况下，壮苗受害的程度也大大低于旺苗和弱苗。

发生小麦冬季冻害，采取措施加以补救仍可获得较高产量。应采取的补救措施主要有：①追肥促长。通过及时追施氮素化肥，促进小分蘖迅速生长。发现主茎和大分蘖已经冻死的麦田，要分两次追肥。第一次在田间解冻后即追施速效氮肥，每亩施尿素10kg，要开沟施入，以提高肥效。干旱麦田要对水施用。磷素有促进分蘖和根系生长的作用，缺磷的田块可用尿素和磷酸二铵混合施用。第二次在小麦拔节期，每亩施用尿素10kg。一般受冻麦田，仅叶片冻枯，没有死蘖现象，早春应及早划锄，提高地温，促进麦苗返青，在起身期追肥浇水，提高分蘖成穗率。②清沟排渍。对于受冻的小麦，要做好清沟排渍工作，更加注意养护根系，增强其吸收养分的能力，以保证叶片恢复生长、新分蘖的发生及其成穗所需要的养分。③防止早衰。受冻麦田由于植株体的养分消耗较多，后期容易发生早衰，生产上需根据麦苗生长发育状况及其需要，在拔节期或挑旗期适量施肥，促进穗大粒多，提高粒重。

98. 如何预防小麦的早春冻害？早春冻害发生后补救措施有哪些？

早春冻害是指小麦在过了"立春"季节进入返青拔节这段时期，因寒潮到来降温，地表温度降到0℃以下，发生的霜冻危害。由于此时气候已逐渐转暖，又突然来寒潮，因而也称倒春寒，通常情况下在3~4月出现最多。进入3~4月，长江下游地区的小麦已先后完成了春化阶段和光照阶段的发育，小麦完成春化阶段发育的抗寒力就降低，通过光照阶段后开始拔节，完全失去了抗御0℃以下低温的能力，当寒潮来临时，夜间晴朗无风，地表层温度骤降到0℃以下，便会发生早春冻害。预防早春冻害的措施有：①培育壮苗、增强抗寒性。从种植基础上要因地制宜选用适宜当地气候条件的冬性、半冬性或春性品种，因品种冬、春性适期播种，不要过早播种。采用精量半精量播种技术。改变氮肥全部底施"一炮轰"为底施与追肥相结合等措施。②对生长过旺麦田要适度抑制生长。主要措施是早春镇压或在起身期喷施植物生长延缓剂。旺苗镇压后，可抑制小麦过快生长发育，避免其过早拔节而降低抗寒性。起身期喷施植物生长延缓剂，可以适当抑制生长发育、提高抗寒性。③灌水。早春寒流到来之前浇水能使近地表层空气中水汽增多，在发生凝结时，放出潜热，以减小地面温度的变幅。同时，灌水后土壤水分增加，土壤导热能力增强，使土壤温度增高。④撒施草木灰或喷施腐殖酸类植物生长调节剂。低温来临前撒施草木灰或喷施腐殖酸类植物调节剂可预防早春冻害。

早春冻害发生后的补救：遭受早春冻害的麦田不会将全部分蘖冻死，还有小的蘖芽可以长成分蘖成穗。应立即施速效氮肥和浇水，氮素和水分的协同作用会促进小麦早分蘖、小蘖赶大蘖、提高分蘖成穗率、增加每亩穗数，减轻冻害的损失。同时，应注意清沟排渍。对受冻的小麦，要更加注意养护根系，增强其吸收养分的能力，以保证叶片恢复生长和新分蘖的发生和成穗。

99. 什么是小麦干热风？小麦干热风有哪些类型？对于干热风灾害如何进行防御？

小麦干热风是指小麦生育后期，由于高温、低湿并伴随大风使小麦受害的一种气象灾害。干热风主要出现在小麦的扬花灌浆阶段，以出现在小麦乳熟灌浆阶段危害最重。受干热风危害后，初始阶段表现为旗叶凋萎，严重凋萎 1~2 天后逐渐青枯变脆。初始芒尖白而干，继而渐渐张开，即出现炸芒现象。由于水分供求失调，穗部脱水青枯，继而变成无光泽的灰色，籽粒萎蔫尚有绿色，籽粒呈现本色，秕瘦且无光泽，灌浆过程缩短，千粒重明显下降，迫使小麦提前成熟，小麦品质降低，并影响出粉率。

根据气象要素对小麦的影响和危害不同，可将干热风其分为高温低湿型、雨后热枯型和旱风型 3 类。

高温低湿型：在小麦的开花灌浆过程中发生。这类干热风发生时温度猛升，空气湿度剧降，最高气温在 32℃ 以上，相对湿度可降至 20% 以下，风力在 3~4m/s 以上，有时这种干热风可连续多日发生，造成灾害更加严重。

雨后热枯型：这类干热风一般发生在乳熟后期，其特征是雨后猛晴、温度骤升、湿度剧降。有时长期连阴雨后，出现上述高温低湿天气，造成小麦青枯死亡。雨后气温回升越快，温度越高，青枯发生越早，危害越重。由于前期湿度较大，这种干热风不太容易引起重视，有时造成的危害不太明显，容易导致人们的忽视。

旱风型：这类干热风又称热风型，主要发生在西北地区的多风地区，在干旱年份出现较多，其特点是风速大、大风与一定的高温低湿相结合。它对小麦的危害除了与高温低湿型相同外，大风还加强了大气的干燥程度，加剧了农田蒸腾强度，使麦叶蜷缩成绳状，叶片撕裂破碎。

干热风灾害的防御措施主要有：

（1）合理选用品种。在干热风害经常出现的麦区，应注意选择抗逆性强的早熟品种。选用丰产、抗热、抗锈和抗干热风的品种，既能抵抗干热风灾害，又能抵抗因干热风诱发的病害。

（2）适时灌溉。在干热风发生前及时灌水，可使地表温度降低，小麦株间湿度增加，从而达到预防或减轻干热风的危害。要防止在大热天中午灌水和大水漫灌，以免根系窒息死亡，更不要在遇有干热风的情况下灌水。

（3）加强管理。增施有机肥和磷肥，并适当控制氮肥用量，即能保证供给植株所需养分，而且还可以改良土壤，蓄水保墒，防御干热风。通过熟化土壤，加深耕作层，促使根系下扎，增强抗干热风的能力。适时早播，培育壮苗，促使小麦早抽穗、早成熟。

（4）叶面喷施药（肥）。采用一些化学药剂或肥料对小麦进行叶面喷洒，可起到调节小麦新陈代谢能力，增强植株活力，增强抗逆性。喷施药（肥）的具体方法有：①在小麦孕穗期或抽穗期，每亩喷施10%的草木灰浸出液50kg，既能提高小麦抗旱或抗干热风的能力，又能加速灌浆，增加粒重。②在小麦扬花期至灌浆期，喷施0.04%～0.05%的阿司匹林水溶液，可使小麦叶片气孔处于关闭状态，减少植株蒸腾失水量，从而减轻干热风的危害。③在小麦抽穗和开花期，各喷施1次0.2%～0.4%的磷酸二氢钾水溶液，每亩每次50～75kg，可促进小麦结实器官的发育，增强光合作用，减少叶片失水，加速灌浆进程。④在小麦开花期和灌浆始期，各喷施一次0.1%的氯化钙水溶液，每亩每次50～70kg，通过增强小麦叶片细胞的吸水和保水能力，减少植株水分蒸腾，从而提高抗御干热风的能力。⑤在小麦扬花期，每亩用100g硼砂，加水50～60kg，稀释后全田喷施，可有效促进小麦受精，提高结实率，推进小麦灌浆进程，从而减轻干热风的危害。⑥在小麦灌浆期，用0.1%醋酸或1∶800食醋溶液叶面喷施，可以缩小叶片上气孔的开张角度，抑制蒸腾作用，提高植株抗旱、抗热能力。同时醋酸可中和植株在高温条件下降解产生的游离酸，消除氨对小麦的危害。

100. 小麦倒伏有哪些类型？如何预防小麦倒伏？小麦倒伏发生后如何补救？

小麦倒伏从拔节后就可能出现，但生产上多发生在抽穗以后。小麦倒伏有根倒伏和茎倒伏两种类型。

一是根倒伏。根在疏松的土层中扎得不牢，一经风吹雨打，就会土沉根歪而倒伏。根倒伏主要由于土壤耕层浅薄、结构不良、播种太浅或露根，或土壤水分过多、根系发育差等原因造成。

二是茎倒伏。主要是基部节间承受不起上部重量，就会弯曲倒伏。茎倒伏是由于氮肥施用过多、氮磷钾比例失调、追肥时间不当，或基本苗过多、群体过大、通风透光条件差，以致基部节间过长、机械组织发育不良等因素所致。

导致小麦倒伏的原因主要有品种选用不当、播种量大、施肥不当、管理粗放、病害等。生产上应采取综合措施加以预防。主要措施有：

一是选择抗倒品种。品种之间的抗倒伏性能差异较大。一般根系发达、茎秆粗壮、植株较矮、基部节间粗短、分蘖性好、耐肥性强的品种，其抗倒伏的性能较强。应根据麦田肥力和产量水平选用适合的抗倒品种。

二是提高播种质量。根据麦田肥水条件、品种分蘖能力的强弱和播种早迟，合理安排基本苗数，提高整地、播种质量，推广扩行精播，培育壮苗。

三是加强田间管理。小麦返青后进入起身期，要根据叶色、叶姿、品种及其地力状况合理施用拔节肥，以利壮秆大穗抗倒伏。一是看叶色，小麦拔节时，叶色浓绿，茎秆白嫩细软的不能施肥；叶色比拔节前稍淡，可适量施肥；叶色发黄，茎秆发红的，可重施肥。二是看叶姿，叶片大而披散的不能施肥；叶片上挺、窄小的，要多施肥。三是看品种，矮秆耐肥的可适量多施。四是看地力，底肥不足、地力差的可适当多施。如发现旺长，及早采用镇压、培土、深中耕等措施，以达到控叶、控蘖、蹲节的目的。

四是喷施调节剂。对于长势旺盛的小麦田块，高秆小麦品种可采用植物生长调节剂进行化学调控，可使植株矮化，抗倒伏能力增强。主要药剂有：①矮壮素（CCC）。在小麦拔节期，用 1 500~2 000 mg/L 的药液 50kg 叶面喷施。②多效唑（PP_{333}）。在小麦返青拔节初期，每亩用15%的多效唑可湿性粉剂 50～70g 对水 50kg 叶面喷施。③缩节胺（又名助壮素）。在拔节前 4～10 天，每亩用 200mg/L 的 50kg 叶面喷施。④壮丰安。可在返青期和拔节期，分 2 次进行叶面喷施，每亩用 25～30ml 药液对水 50kg。

小麦倒伏发生后的补救措施：通常在小麦灌浆期前发生的早期倒伏，一般都能不同程度地恢复直立，而灌浆后期发生的晚期倒伏。由于小麦"头重"不易恢复直立，往往只有穗和穗下茎可以抬起头来。及时采取措施加以补救，对提高穗粒数和千粒重意义重大。补救措施有：①因风吹雨打而倒伏的可在雨过天晴后，用竹竿轻轻抖落茎叶上的水珠，减轻压力助其抬头。切忌挑起而打乱倒向，或用手扶麦。②每亩用磷酸二氢钾 0.15～0.2kg 对水 50kg 或 16% 的草木灰浸提液 50～60kg 喷洒，以促进小麦生长和灌浆。③加强病害防治工作。一般轻度倒伏对产量影响不大，重度倒伏常伴有病害的发生，应及时防治倒伏后带来的各种病虫害，是减轻倒伏损失的一项关键措施。

主要参考文献

［1］刘建. 稻麦丰产增效栽培实用技术. 北京：中国农业科学技术出版社，2015.

［2］刘建. 优质小麦高产高效栽培技术（第二版）. 北京：中国农业科学技术出版社，2014.

［3］赵广才. 优质专用小麦生产关键技术百问百答（第3版）. 北京：中国农业出版社，2014.

［4］刘建. 优质水稻高产高效栽培技术（第二版）. 北京：中国农业科学技术出版社，2013.

［5］张坚勇. 水稻高产创建与无公害生产技术. 南京：江苏人民出版社，2011.

［6］周振元，陈勇. 小麦高产创建与无公害生产技术. 南京：江苏人民出版社，2011.

［7］何旭平，曹爱兵，孙玲玲，编著. 有机稻栽培技术研究与应用. 南京：东南大学出版社，2011.

［8］张培江. 优质水稻生产关键技术百问百答（第2版）. 北京：中国农业出版社，2010.

［9］刘建. 区域优势作物高产高效种植技术. 北京：中国农业科学技术出版社，2008.

［10］于振文. 现代小麦生产技术. 北京：中国农业出版
　　　社，2007.

［11］苏祖芳，周纪平，丁海红，主编. 稻作诊断. 上海：上海
　　　科学技术出版社，2007.

［12］杜永林. 无公害水稻标准化生产. 北京：中国农业出版
　　　社，2006.

［13］葛自强，戴廷波，朱新开. 无公害小麦标准化生产. 北
　　　京：中国农业出版社，2006.

［14］郭文善. 优质弱筋专用小麦保优节本栽培技术. 北京：中
　　　国农业出版社，2006.

［15］曹卫星，郭文善，王龙俊，等. 小麦品质生理生态及调
　　　优技术. 北京：中国农业出版社，2005.